ARENSKI 著

技術評論社

はじめに

なによりもまず、人の目に飛び込んでくる「色」。使い方によって、感情やイメージを呼び起こしたり人の心理に働きかけて印象づけることができる、デザインにとって必要不可欠なツールです。"伝えたい"内容を的確に表現するためには、基本的な配色デザインの考え方やパターンを知ることが大切です。色の基礎知識から多種多様な配色の技、カラーサンプルまで、ぎゅぎゅっと1冊にまとめた本書を使って、"伝わる"デザインをつくりましょう。

**PART 1では、**
**色彩のきほんと実際の配色の進め方**

**PART 2では、**
**カラーデザインの基礎となる15の配色パターン**

**PART 3では、**
**色を使ったさまざまなデザインのテクニック**

**PART 4では、**
**魅力をさらに高める配色レイアウトのアイデア**

**PART 5では、**
**ターゲットに響く配色アプローチのプラン**

すべて作例を用いて実践的に解説しています。

また、今回は付録として、すぐに使えるカラーチャートを収録しました。さまざまなデザインの現場で、テクニックとアイデアのヒントとして活用いただければ幸いです。

# CONTENTS

## PART 1 魅せる色彩のきほん

- 010 色の基礎知識
- 018 色の持つチカラ
- 030 色をつくる&選ぶ
- 038 COLUMN 配色デザインの注意点

## PART 2 配色パターンのきほん

**そろえる**
- 040 01・同系色
- 042 02・同一トーン
- 044 03・赤み・青み

**ひきたてる**
- 046 04・アクセントカラー
- 048 05・コントラスト
- 050 06・セパレーション

**なじませる**
- 052 07・グラデーション
- 054 08・微妙な差
- 056 09・自然な調和
- 058 10・人工的な調和

**ルールで選ぶ**
- 060 11・補色配色
- 062 12・分裂補色配色
- 064 13・3色配色
- 066 14・4色配色
- 068 15・6色配色

- 070 COLUMN 媒体による配色の違い

# PART 3 ベースの配色テクニック

### ベーシック
- 072　01・1色でデザインする
- 074　02・2色でデザインする
- 076　03・3色でデザインする
- 078　04・モノトーンで引き立てる

### メリハリ
- 080　05・鮮やかにまとめる
- 082　06・落ち着きを持たせる
- 084　07・色で分割する
- 086　08・アクセントカラーで強調する

### まとめる
- 088　09・情報を分類する
- 090　10・パターンをつくる
- 092　11・情熱的なデザイン
- 094　12・知的なデザイン

### 演出する
- 096　13・にぎやかさを出す
- 098　14・白で空間を魅せる
- 100　15・光を感じさせる
- 102　16・影で印象づける

### 感じる
- 104　17・暖かさ・冷たさを感じさせる
- 106　18・触り心地や重みを与える
- 108　19・味覚を刺激する
- 110　20・嗅覚を呼び起こす
- 112　21・リズムを生み出す

### 上級編
- 114　22・対比現象を利用する
- 120　23・同化現象を利用する
- 124　24・さまざまな視覚効果を利用する

**COLUMN**
130　描画モードと不透明度

## PART 4 配色レイアウトのアイデア

- 132  01・無彩色にポイントで入れる
- 134  02・地に色を敷く
- 136  03・色で囲む
- 138  04・帯デザインを生かす
- 140  05・透明感を演出する
- 142  06・重厚感を表す
- 144  07・文字色で魅せる
- 146  08・模様を入れる
- 148  09・つながりを感じさせる
- 150  10・ビジュアルを引き立てる
- 152  11・差を際立たせる
- 154  12・ラフに彩色する
- 156  13・違和感で惹きつける

## PART 5 くらべる配色プラン集

- 160  01・カラーイメージを活用する
- 164  02・ターゲットに合わせる
- 168  03・心理効果を利用する
- 172  04・ビジュアルと調和させる

## 付録 カラーチャート

- 177  基本色チャート
- 193  特色掛け合わせチャート

209  COLUMN
効果的な特色の活用

- 210  DTPの豆知識
- 212  Illustrator基本の操作
- 218  Photoshop基本の操作

# 本書の使い方

本書は配色に関するさまざまな知識について解説しています。PART1では色彩のきほんや配色の考え方を身につけます。PART2ではカラーデザインの基礎となる配色パターンについて解説します。PART3〜5ではテーマ別に分けた配色の技を作例とともに学びます。

## 〈PART2の読み方〉

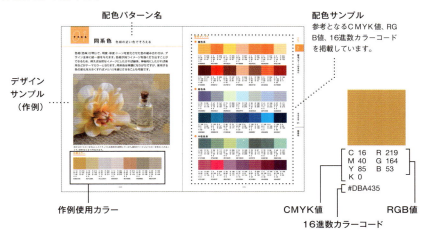

- 配色パターン名
- デザインサンプル（作例）
- 作例使用カラー
- 配色サンプル
  参考となるCMYK値、RGB値、16進数カラーコードを掲載しています。
- CMYK値
- RGB値
- 16進数カラーコード

## 〈PART3〜5の読み方〉

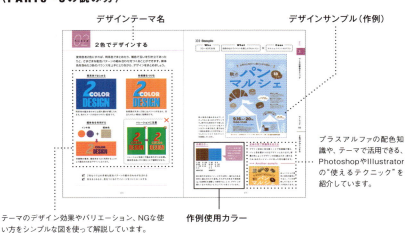

- デザインテーマ名
- デザインサンプル（作例）
- テーマのデザイン効果やバリエーション、NGな使い方をシンプルな図を使って解説しています。
- 作例使用カラー
- プラスアルファの配色知識や、テーマで活用できる、PhotoshopやIllustratorの"使えるテクニック"を紹介しています。

▶本書で紹介する作例は、すべてオリジナルのものです。
▶本書はIllustratorやPhotoshopの基本的な操作ができる方を対象としていますが、デザインの考え方や制作物のヒントとしてノンデザイナーの方にもお読みいただける内容となっております。

**使用ソフトの対応バージョンについて**
本書の操作解説部分はAdobe Illustrator・InDesign・Photoshop CC 2017をもとに執筆しています。掲載画面はMac版のCC 2017を使用しています。

**カラー数値について**
本書に記載しているカラー数値は、CMYK値をもとにAdobe Illustrator CC 2017のsRGBのカラースペースを使用してRGB値および16進数カラーコードに変換しています。再現環境によって色が異なる場合がありますので、ご了承ください。また、CMYK値を基準に変換しているため、本書のブラック(K100%)のRGB値は「R：35 G：24 B：21」、16進数カラーコードは「#231815」と表記しておりますが、Web媒体などで指定する際には「R：0 G：0 B：0」および「#000000」が完全なブラックとなります。

Adobe Creative Suite、Apple、Mac・Mac OS X、macOS、Microsoft Windowsおよびその他本文中に記載されている製品名、会社名はすべて関係各社の商標または登録商標です。

PART
1

# 魅せる
# 色彩のきほん

( 3つのキーワードと色の選び方 )

/////

色の基本と機能や心理的効果を学びます。
また配色デザインの進め方を参考に読み手に「伝わる」色のつくり方も解説します。

# 色の基礎知識

色には「色の三属性」と呼ばれる「色相」「明度」「彩度」という性質があり、すべての色は「色の三属性」によって表現できます。色相は青・赤・黄などの色味（色合い）の違い、明度は色の明暗の度合い、彩度は色の鮮やかさの度合いを指します。膨大な種類がある色を分類する際には、トーン（色調）の違いや色味の有無、各色相の明度・彩度の変化などが使われます。

# 色を知る3つのキーワード

## キーワード・その1 「色相」

配色のイメージに大きな影響を与える赤や黄、青といった色味の違いのことを「色相（しきそう）」といいます。色相の変化を環状で表した「色相環」は、人の目で見ることができる可視光線を虹色順に並べて、さらに紫と赤紫を加えたものになっており、「赤・橙・黄・緑・青・藍・青紫・紫・赤紫」という順番で変化しています。

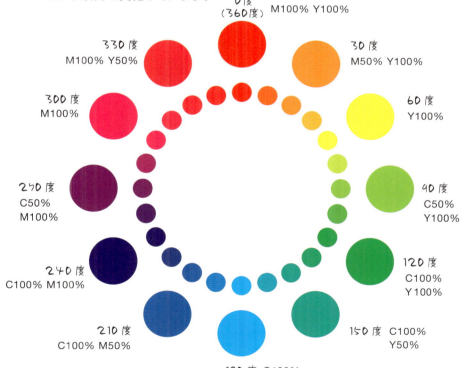

外側は、一般的な12色相を円状に並べた色相環。CMYのうち、1色または2色をそれぞれ100％ずつ、あるいは片方を50％混ぜた色で構成されています。さらに、それぞれの中間の色を加えて調整したものが、内側の24色相環です。

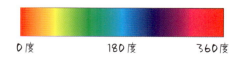

# キーワード・その2「明度」

「明度」は色の明るさの度合いです。すべての色のなかでもっとも明度の高い色は「白」、もっとも明度の低い色は「黒」となります。色の明度が高くなるほど「白」に近づき、明度が低くなるほど「黒」に近づきます。主要な色相のなかでは、黄色がもっとも明度が高い色になります。

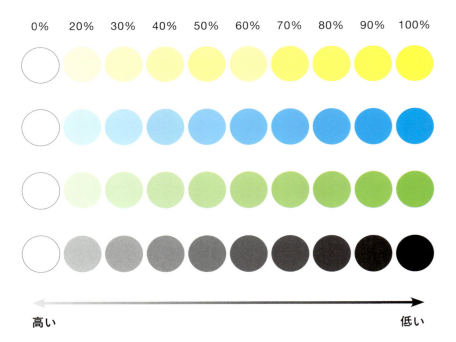

同じ色でも明度を変化させることによって、見る人に異なる印象を与えることができます。例えば、高明度の色は「軽い・やわらかい・カジュアル・大きい(膨張)」、低明度の色は「重い・硬い・高級・小さい(収縮)」といった印象を与えます。また、明度の差が大きい色を組み合わせることによって、視認性を高めるという手法もよく使われるテクニックです(文字色が白、文字の背景色が黒など)。

# キーワード・その3 「彩度」

「彩度」は色の鮮やかさの度合いです。彩度は高くなるほど色が鮮やかになり、より明瞭で純度の高い色になっていきます。逆に彩度が低くなると色がくすみ、色味も失われていきます。また、各色相のなかに灰色が混ざっておらず、彩度がもっとも高い色を「純色」といいます。

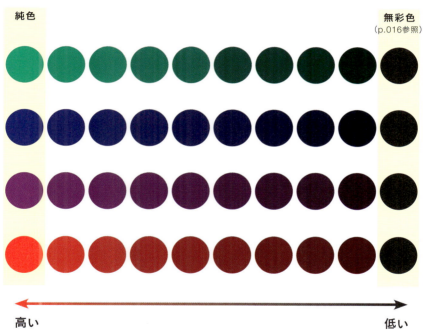

色を彩度の高低で大別すると、純色に近い「高彩度」、無彩色に近い「低彩度」、中くらいの彩度の「中彩度」の3つに分類できます。高彩度の色には「元気・興奮・晴れやか・派手」、低彩度の色には「おだやか・鎮静・落ち着き・シック」といった印象を与える効果があります。配色で彩度に差をつけてインパクトを出したい場合、高彩度の色の面積は小さく、低彩度の色の面積は大きくするのがコツです。

# 明度×彩度 「トーン」

明度と彩度に共通性がある色のグループのことを「トーン」といいます。同じ色相でもトーンの違いによって色のイメージはさまざまに変化します。また、異なる色相でもトーンが同じであれば、似たイメージ（明るい、暗い、濃い、淡いなど）を与えることができます。デザイン全体のトーンをそろえることで、表現したいイメージをコントロールしやすくなります。

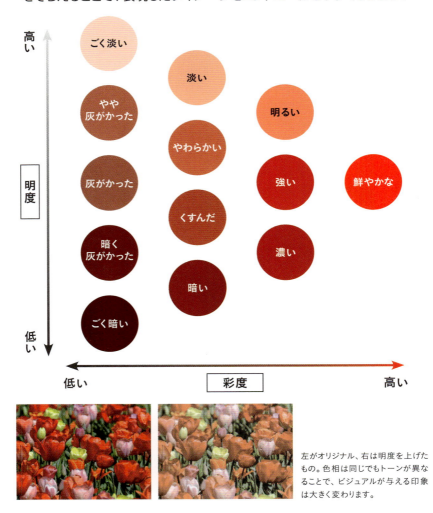

左がオリジナル、右は明度を上げたもの。色相は同じでもトーンが異なることで、ビジュアルが与える印象は大きく変わります。

## 基本12色相のトーン

## 有彩色と無彩色

色は、色味がある「有彩色」と色味を持たない「無彩色」の2種類に分類できます。有彩色には色の三属性（色相、明度、彩度）が含まれていますが、無彩色にあるのは明度だけです（色相、彩度はなし）。無彩色のなかでもっとも明度の高い色が白、もっとも明度の低い色が黒となります。

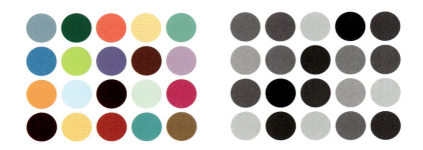

## 清色と濁色

トーンの分類のなかで、純色以外の部分は「清色（せいしょく）」と「濁色（だくしょく）」に分けることができます。清色には、純色に白を混ぜた「明清色」、純色に黒を混ぜた「暗清色」の2種類があります。「中間色」とも呼ばれる「濁色」は、純色に灰色を混ぜた色のことを指します。

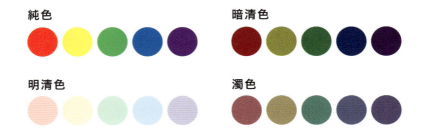

# 色を表現する3つの原色

## 光の3原色

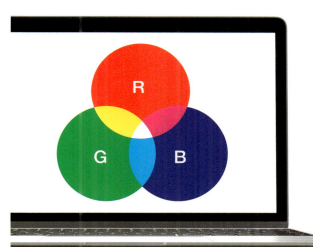

「RGB」は、光の3原色「赤(Red)」「緑(Green)」「青(Blue)」の頭文字からとった略語。テレビなどの発光する媒体で使われる混色方式で、赤、緑、青の光がすべて混ざると白になり、光がない状態は黒となります。色を混ぜると明度が上がるため「加法混色」とも呼ばれます。RGB各色の光の量を加減することで、さまざまな色が表現可能です。

## 色の3原色

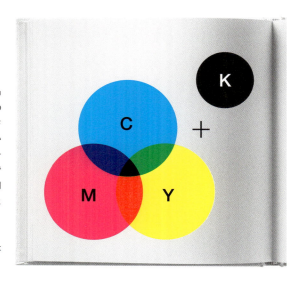

「CMYK」は、色の3原色「シアン(Cyan)」「マゼンタ(Magenta)」「イエロー(Yellow)」と「黒(Key Plate：輪郭や細部をきれいな黒で表現するために使用されていた印刷版)」を使用する混色方式。インキなどの色材を混ぜると明度が下がるので「減法混色」ともいわれ、印刷などに使用されています。C・M・Yの3色は混ぜると黒(黒に近い灰色)になります。

C・M・Yの混色では完全な黒にはならないため、黒インキを足した4色で印刷します。

# 色の持つチカラ

色には、ものを目立たせたり区別しやすくするなどの機能的効果と、楽しい・寂しいなどの心象や、暖かい・冷たいといった印象を与える心理的効果という2つの効果があります。カラーデザインでは、色相・明度・彩度の違いで変化する色の特性を考えながら、目的に合った配色を選ぶ必要があります。ここでは、配色の効果に関する基本的な法則を解説します。

## こんなお悩み、ありませんか？

**特定のものを目立たせたい**
→p.020で解決

**遠近感や立体感を出したい**
→p.021で解決

**商品イメージを印象づけたい**
→p.022で解決

**興奮と鎮静をコントロールしたい**
→p.023で解決

**注意を促したい**
→p.024で解決

**文字を見やすくしたい**
→p.025で解決

**分類をひと目で伝えたい**
→p.026で解決

**シェイプを引き締めたい**
→p.027で解決

**知的に見せたい**
→p.028で解決

# すべて色で解決できます！

PART 1 魅せる色彩のきほん

色の持つチカラ

お悩み 01
# 特定のものを目立たせたい

## 誘目性の高い赤で目立たせる

色の発見のしやすさの度合いを「**誘目性（ゆうもくせい）**」といいます。誘目性が高い色や配色には、人が見ようと意識しなくても目を惹きつけ、目立つ効果があります。色相でいうと寒色系（青・青紫など）よりも暖色系（赤・橙など）のほうが誘目性が高く、彩度は低彩度よりも高彩度のほうが高いといえます。ただし、各色の誘目性は背景色によって変化しますので注意が必要です。例えば背景色が黒の場合、文字色（表示色）が黄色であれば文字は目立ちます（黒と黄色は明度差が大きい）。ところが背景色が白の場合、文字色が黄色だと文字は逆に見づらくなります（白と黄色は明度差が小さい）（図2参照）。このように特定の部分や文字を目立たせたい場合、背景色には表示色と明度差のある色を選ぶのが基本となります。

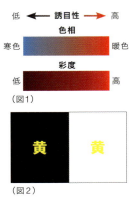

お悩み 02
# 遠近感や立体感を出したい

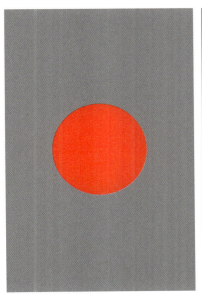

## 進出色と後退色を活用する

上の図のように同じ形やサイズの円でも、色によって距離感が異なって見えます。左の赤のように飛び出して近くに感じたり大きく見える色を「**進出色（または膨張色）**」、右の青のように後方に引っ込んで遠くに感じたり小さく見える色を「**後退色（または収縮色）**」といいます。色相でいうと、暖色系（赤・橙など）の色には進出性（膨張性）があり、明度が高くなるほど性質は強くなります。逆に寒色系（青・青紫など）の色には後退性（収縮性）があり、明度が低くなるほど性質は強くなります。色相と明度に左右される色の進出・後退性、膨張・収縮性を理解することで、遠近感や立体感を演出できます。

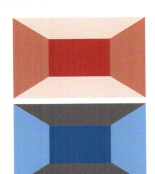

この例でも、進出色は飛び出して見え、後退色は引っ込んで見えます。

お悩み 03
# 商品イメージを印象づけたい

キウイ味　　イチゴ味　　オレンジ味

## 味や香りを感じさせる配色を使ってみる

色には「味」や「香り」をイメージさせる効果もあります。実際のところ、味のデザイン表現は食品やメーカーごとに異なりますので、一概に「この味はこの色」と言い切ることはできません。ただ、基本的には食材の色がベースになっており、例えば「甘い」を表現する場合は砂糖やクリームの「白」、果物によくある「赤・黄」などの色が候補となります。さらに、色の明度は中〜高明度、彩度は低〜中彩度の色を組み合わせて「明るく淡い」イメージのトーンで配色するのが無難となります。同じ赤でもタバスコなどの辛さを表現したい場合は、低〜中明度で高彩度の色が候補となります。なお、香りは味ほど配色の研究は進んでいませんが、既存の商品デザインはある程度参考になります。

上段が明るく淡いトーン。甘さや、やさしい香りを連想させます。同じ色相でも明度を低くし彩度を上げてはっきりさせた下段の色は、香辛料などの強い味や香りをイメージさせます。

お悩み 04
# 興奮と沈静をコントロールしたい

## 緑や青を見つめてリフレッシュ

色には温度を感じさせる効果もあります。色相環の赤〜黄部分にあたる**暖色は暖かみや熱を感じさせ**、色相環の青緑〜青部分の**寒色は寒さや涼を感じさせます**。さらに高彩度の暖色は気持ちを盛り上げる効果があるので**「興奮色」**、低彩度の寒色は気持ちを落ち着かせるので**「鎮静色」**と呼ばれます。この興奮色と鎮静色は時間の感じ方にも影響を与えます。例えば、興奮色は時間を長く感じさせるため、飲食店などに使うと短時間でも長く滞在したような満足感が得られます。逆に鎮静色は時間を短く感じさせ、オフィスなどに使うと長時間仕事をしても短時間に感じられます。なお、暖色・寒色以外の緑や紫などの色は、温度感があいまいなため**「中性色」**と呼ばれます。

> お悩み 05

# 注意を促したい

## 強い禁止を示す赤と注意を示す黄

標識などに見られる「危険・禁止」などの注意を喚起するデザインには、**誘目性の高い配色**が使われています。瞬時に認識できることが求められる道路標識の例でいうと、一時停止の道路標識の背景色は暖色系で高彩度の「赤」、「止まれ」の文字色は赤と明度差が大きい「白」という組み合わせで配色されています。工事中の道路標識も背景色は暖色系で高彩度の「黄」、作業している人物のシルエットの色は「黒」で、明度差の大きい配色となっています。人が対象物に興味がない場合でも発見しやすいかどうか、という点が「誘目性」のポイントのため、配色の際にはベースの色は目立ちやすい色（高彩度の暖色）を使い、さらにそのベースの色と明度差のある色を組み合わせるようにしましょう。

緑や青は「安全」や「可」などを意味することが多いため、注意喚起には不向きです。

お悩み 06

# 文字を見やすくしたい

## 白ヌキ文字ではっきりさせよう

対象の形や細部の情報を認めやすいかどうか、という度合いを「**明視性**」といいます（対象が文字だけの場合は「可読性」と呼ぶこともあります）。この明視性を高めるためには、明度差のある配色を選ぶ必要があります。よく見られるケースとしては、暗めの写真の上に文字を載せる場合、白ヌキ文字を使って読みやすくするというものがあります。このように背景色が暗い色の場合、表示色は明るい色を選択するのが基本となります。また、明度ほどではないものの、色相や彩度も差が大きいと明視性が高まり、差が小さいと明視性が低くなります。明視性が重要視されるデザインとしては、広告や看板、会社やブランドのロゴマークなどがあります。

差がはっきりしない明視性の低い看板は、アイキャッチになりません。

## お悩み 07
# 分類をひと目で伝えたい

### 色の差を利用すれば一目瞭然

デザイン内の要素の区別は、色の違いでより明確にできます。こうした、色による認識のしやすさを「**識別性**」といいます。識別性を高めるためには、まず内容を目的や役割ごとに分類し、共通する部分のあるものは同系色を使って統一感が出るようにします。分類に使用する各色は、同じデザインのなかで区別しやすくなるようなものを選び、同時に配色のバランスも考慮しながら全体を整えます。同系色だけで配色した場合、統一感は演出できますが識別性は低くなるため、色相が偏らないように注意しましょう。なるべく類似色相・隣接色相を避けて、色相差を明確にするのがコツです。また、各色が持つイメージ（緑＝自然など）も意識しておくと、読み手を混乱させないデザインになります。

同系色でも明度や彩度を変更することで分類可能ですが、識別性は下がります。

## お悩み 08
# シェイプを引き締めたい

## 白い服よりも黒い服のほうがスリム効果アリ

同じ色面積でも、色の違いで大きく見えたり、小さく見えたりすることがあります。大きく見える色を「**膨張色**」、小さく見える色を「**収縮色**」といいます。膨張色・収縮色の性質は進出色・後退色と似ていて、暖色系の色は大きく、寒色系の色は小さく見えます。また、特に明度差による影響が強く、高明度の色は大きく、低明度の色は小さく見えます。明度のない黒は収縮色の代表格として知られており、デザインでもよく用いられます。スマートな印象を生みますが、使いすぎると重たい印象も与えるため注意が必要です。引き締めたい部分には収縮色、その他の部分に膨張色を用いることでメリハリがつき、収縮色による引き締めの効果も高まります。

囲碁で使われる碁石にも、膨張色と収縮色が関係しています。白い碁石は黒い碁石にくらべ、直径が約0.3mm、厚みが約0.6mm小さくつくられており、見た目のサイズが白と黒で同じになるよう調整されています。

## お悩み 09
## 知的に見せたい

### 青を使うと知的で誠実な印象に

色は人に多種多様なイメージを与えます。色のイメージは国の歴史や文化、年齢、性別、個人の好みなどによってつくられ、また時代によって変化する場合もあります。一方で多くの人が共通のイメージを持つ色もあり、それらは配色デザインにおいて重要な役割を果たしています。
「青」は、**知性・信頼・冷涼・静か**といったイメージを想起させます。多くのコーポーレートカラーに青が使われている理由のひとつです。
その他、「赤」には、**愛・歓喜・活動的・勝利**などのイメージ、「黄」には、**希望・陽気・幸福・楽しい**といったイメージがあります。

ビジネスで着用するスーツやネクタイには、知性や清潔感を連想させる青や紺が好まれます。

# 色のイメージ

紹介するイメージワードはあくまで一例です。さまざまな観察から連想を進めて、デザインに生かしてみましょう。

PART 1 魅せる色彩のきほん

### GREEN
### 緑

健康 / クリーン /
安心 / 穏やか / 自然 /
若さ / 環境

### ORANGE
### 橙

元気 / ビタミン /
活力 / 喜び / 陽気 /
ぬくもり / 食欲

### PINK
### 桃

かわいい / エレガント /
やわらかい / 甘い / 幸せ /
優しい / 恋

### PURPLE
### 紫

高貴 / エキゾチック /
神秘的 / 優雅 / 粋 /
美しい / 上品

### BLACK
### 黒

威厳 / クール /
高級 / 自信 / 上質 /
重厚 / 沈黙

### BROWN
### 茶

温和 / ナチュラル /
素朴 / 堅実 / 伝統 /
苦い / 落ち着き

色の持つチカラ

### WHITE
### 白

正義 / ピュア /
軽やか / 清潔 / 清らか /
守る / 神聖

### GRAY
### 灰

中立 / スタイリッシュ /
無機質 / 大人 / 信頼 /
誠実 / 調和

# 色を
# つくる&選ぶ

配色を決めていくときには、デザインに求められている役割や読み手へのメッセージを整理した上で、目的に合った色を目指していくことになります。ふさわしい色相やイメージに合致した明度、彩度を頭のなかで描きながら、グラフィックソフトで数値を調整して色をつくっていきます。ここでは基本的な色のつくり方や選び方について解説します。

# 配色デザインの進め方

## 打ち合わせからイメージをつかむ

デザインに使用する色は、やみくもに決めてよいものではありません。多くの場合、クライアントから指示される内容をもとにして、デザインに合う色のイメージを固めていきます。

デザイナー:「どのようなポスター広告をお考えでしょうか？」

クライアント:「新商品のマカロンの広告です。店舗の客層は20～40代の女性が多く、大人かわいい雰囲気のお店です。この春ラインナップに新しく加わるピーチとフランボワーズを全面に押し出したいと考えています。」

デザイナー:「季節は「春」、メインは「ピーチ」と「フランボワーズ」ですね。それでは、春を感じさせるような暖色で全体をまとめ、タイポグラフィにフレーバーを感じさせる配色を使用してみるのはいかがでしょうか。」

## 目指す色を固める

Keywords
- マカロン → 甘いお菓子
- 大人かわいい → 落ち着き感
- 春
- ピーチ
- フランボワーズ → ピーチより赤い
- 少し酸味アリ
- 黄を足す
- 暖色でまとめる

目指す色
- 「春」らしい暖色
- 「ピーチ」味と「フランボワーズ」味をイメージさせる
- 落ち着きを持たせ、「大人かわいい」を演出

## Step.1

## 色を選ぶ（色相）

まずは、色づくりの基準となるベースカラーを選びましょう。「春」「ピーチ」「フランボワーズ」という
キーワードから、ここではマゼンタ100％を基準にして味のイメージに合う色を探っていきます。

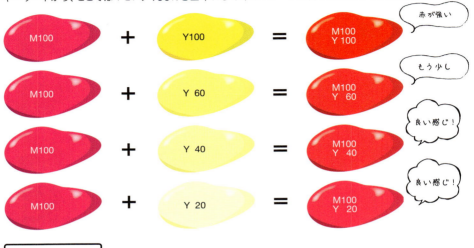

## Step.2

## 明るさを選ぶ（明度）

次に、明度を調整します。Step.1で候補に残った2色に、白を足して（この場合では基準のマゼ
ンタ100％の数値を下げて）、思い描く色に近づけていきましょう。

## Step.3
## なにか足す？（彩度）

他色を混ぜるほどくすんでいくため、鮮やかさを残したい場合はStep.2で完成。ここでは、少しだけ落ち着いた色にくすませたいので、シアンとブラックをそれぞれ足してみます。

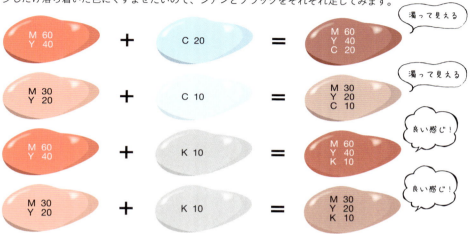

### >>> Sample

2色配色で、それぞれの新作フレーバーを感じさせるデザイン。同系色でまとめているため、全体のまとまりも◎。

C 0　R 224
M 60　G 124
Y 40　B 118
K 10
#E07C76

C 0　R 232
M 30　G 186
Y 20　B 178
K 10
#E8BAB2

# カラーピッカーで色をつくる

Photoshopのカラーピッカー

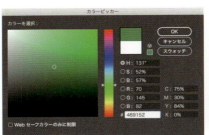

Illustratorのカラーピッカー（Labなし）　　InDesignのカラーピッカー（HSBなし）

Photoshop、Illustrator、InDesignにはそれぞれカラーピッカーがあり、それを用いて色を選んだりつくったりすることができます。カラーピッカーは**[ツール]**パネル、または**[カラー]**パネルの[塗り]、[線]をダブルクリックすることにより表示できます（Photoshopの場合は[描画色]、[背景色]をクリック）。HSB、RGB、CMYK、Labの最大4種類があり、それぞれの特徴を理解することで目的に合った色をつくることができます。

## スウォッチに登録する

カラーピッカーで作成した色を**[カラー]**パネル、または**[スウォッチ]**パネルからスウォッチに登録することができます。カラーピッカーで色を調整し「OK」をクリックすると、作成した色が[塗り]（または[線]）に設定されます。設定した[塗り]（または[線]）を**[スウォッチ]**パネルにドラッグ&ドロップすることでスウォッチに登録できます。

# HSBで作成する

H（色相）、S（彩度）、B（明度）を意味します。PhotoshopまたはIllustratorで設定することができ、色の三属性から色を作成する際に有用なカラーモデルです。それぞれの属性の操作方法を理解しましょう。

## 01 色相を選ぶ

「H」を選択し、赤、青、緑など色味（色相）を設定します。［カラースペクトル］のスライダーを上下させて、［0°（下）］〜［360°（上）］の値の範囲で設定します。［0°］のとき赤になり、数値を上げていくことで黄→緑→青と変化していき、［360°］で赤に戻ります。

## 02 明度を調整する

「B」を選択し、色味の明るさ（明度）を設定します。［カラースペクトル］のスライダーを上下させて［0%（下）］〜［100%（上）］の値の範囲で設定します。［100%］のとき明るくなり、数値を下げていくことで暗くなっていき［0%］で黒になります。

## 03 彩度を調整する

「S」を選択し、色の鮮やかさ（彩度）を設定します。［カラースペクトル］のスライダーを上下させて［0%（下）］〜［100%（上）］の値の範囲で設定します。［100%］のとき赤、青、緑それぞれの原色に近い色になり、数値を下げていくことでくすんでいき［0%］でモノトーンになります。

---

**Level up**

### 2つの属性を同時に変えたいときは斜めへ動かす

カラースペクトルで設定した属性をもとに、カラーフィールドで残り2つの属性を設定できます。例えば、「H」（色相）を選択している場合、カラーフィールド上でポインタを斜めに動かすことによりB（明度）とS（彩度）を同時に設定できます。なお、「B」（明度）や「S」（彩度）を選択している場合にも、同様の操作で他の2属性を同時に調整することが可能です。

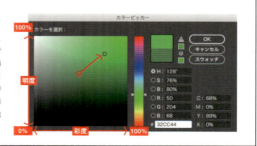

# 色選びの手がかり

### カラーチャート から選ぶ

多数の色が印刷されているカラーチャート（色見本）を活用することで、素早くイメージに合う色を見つけたり、並べたり比べてみたりすることで他の色との関係性などを知ることができます。また、色は物体を照らす照明の種類などによっても見え方が変化しますが、クライアントなどの他者と色を相談する場合、同じカラーチャートを使うことで認識が共有できます。ちなみに素材（紙、布、プラスチックなど）によっても色の印象は変わるため、注意しましょう。

## 特色 から選ぶ

印刷の際にCMYKでは表現できない蛍光色や金・銀などのメタリックカラー、パステルカラーといった色を「特色（特色インキ）」を使って表現することがあります。特色の色見本として主要なものに、「DICカラーガイド（DICグラフィックス株式会社）」や「PANTONE（米パントン社）」があります。例えば、蛍光色を含めた色は鮮やかさが格段に増すため、特色として蛍光ピンクがよく使用されます。特色を使うことで色の表現の幅を広げることができるようになります。また、特色は印刷時の色ブレが少なく、ほぼ指定通りの色に仕上がるため、会社名・商品名のロゴマークにもよく用いられます。

## ウェブサービス や アプリ から選ぶ

配色を決める際に、ウェブサービスやスマホ用のアプリを活用するという方法もあります。これらは手軽に色を確認できるメリットがありますが、PCモニターなどの画面上に表示された色は、個々の環境ごとに違って見えたり、印刷時にイメージが違ってくることがあります。色に関するトラブルを回避するためには、デザイン環境の適切なカラーマネジメント（色管理）が大切なため、定期的にメンテナンスしておきましょう。

**原色大辞典**

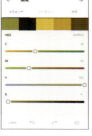

↑「原色大辞典（https://www.colordic.org/）」は、ブラウザで名前が定義されている140色の色名、16進数、RGB値、CMYK値が調べられます。

→ スマートフォン用のアプリ「Adobe Capture CC」のカラー機能では、写真から色を摘出して自動的に配色情報を作成してくれます。

COLUMN

# 配色デザインの注意点

配色のしくみが理解できれば、デザインのテーマや目的に必要な配色を選ぶことができるようになります。基本を押さえた上で、よりよいデザインに仕上げるためのポイントについて解説します。

## イメージを裏切る配色

例えば、食品パッケージをデザインする際、手頃なスナック菓子であればカジュアルな配色、贈答用の菓子であれば高級感のある配色というように、配色は目的のイメージに合うものを選ぶのが基本です。例外として、映画ポスターやCDジャケットなどのアート性が求められるデザインでは、あえて一般的なイメージと異なる配色を選ぶ場合もあります。ただ、むやみに特殊な配色を選ぶと奇抜さだけが目立ち、意図が伝わらないデザインになる可能性があるため、注意が必要です。

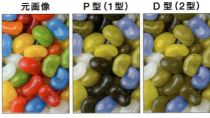

普遍的な色のイメージを持つもの(バナナ=黄)をデザインする場合には、基本的にはその色に従って配色します。「あえて」異なる色を使うと、アーティスティックな印象が強まります。

## アクセシビリティを高める

色を認識する感覚(色覚)は人によって異なります。また色覚異常者の人口も案外と多く、日本人の場合、男性で20人に1人、女性で500人に1人の割合で存在するという統計もあります。地図や案内板など、アクセシビリティ(公共性)が求められるデザインをする場合、こうした色覚異常の方々への配慮も視野に入れると、より読み手によりそったデザインになります。色の違いが判別しやすいか確認したい場合には、一度作成したデザインをグレースケールに変換してみると、明度差で明視性や可読性が高いかどうかを確認できます。

Photoshop上で、**[表示]**メニューから**[校正設定]**で色覚を選択して見え方を確認する方法もあります。

P型(1型)・D型(2型)色覚の見え方では赤の判別がつきづらく、青は比較的判別しやすい色になります。

※見え方はイメージです。

PART

2

# 配色パターンの
# きほん

( 15の法則とカラーサンプル )

/////

さまざまなカラーデザインの基礎となる色彩調和と配色について、
ビジュアル例と配色サンプルを交えて解説します。

## 同系色   色相の近い色でそろえる

色相（色味）が同じで、明度・彩度・トーンを変化させた色の組み合わせは、デザイン全体に統一感を与えます。色相が持つイメージを強く打ち出すことができるため、例えば自然なイメージにしたければ緑系、神秘的にしたければ紫系などがテーマカラーとなります。同系色は単調になりがちですが、使用する色の変化を大きくすればメリハリを感じさせることも可能です。

ナチュラルフラワーパフューム
2023年10月10日発売予定
全5種 / 1,500yen + tax

花びらのイエローを中心としたナチュラルな同系色を使用しています。麻布のベージュもイエローを多めに入れることで、全体のまとまりが生まれます。

### 作例カラー

| C 16 | R 219 | C 19 | R 215 | C 23 | R 204 | C 14 | R 224 | C 16 | R 215 | C 40 | R 169 | C 30 | R 190 |
| M 40 | G 164 | M 25 | G 192 | M 20 | G 201 | M 20 | G 208 | M 50 | G 147 | M 40 | G 152 | M 32 | G 173 |
| Y 85 | B 53 | Y 50 | B 132 | Y 12 | B 211 | Y 10 | B 215 | Y 55 | B 110 | Y 48 | B 130 | Y 35 | B 159 |
| K 0 | | K 0 | | K 0 | | K 0 | | K 0 | | K 0 | | K 0 | |
| #DBA435 | | #D7C089 | | #CCC9D3 | | #E0D0D7 | | #D7936E | | #A99882 | | #BEAD9F | |

## 配色サンプル

### ● 暖色系

| C 0<br>M 35<br>Y 85<br>K 0<br>#F8B62D | C 0<br>M 66<br>Y 85<br>K 0<br>#EE762B | C 0<br>M 13<br>Y 85<br>K 0<br>#FFDE2A | C 0<br>M 35<br>Y 38<br>K 0<br>#F7BB98 | C 2<br>M 62<br>Y 85<br>K 0<br>#ED7E2C | C 0<br>M 70<br>Y 85<br>K 0<br>#ED6D2B | C 0<br>M 14<br>Y 46<br>K 0<br>#FEE199 |
|---|---|---|---|---|---|---|
| R 248<br>G 182<br>B 45 | R 238<br>G 118<br>B 43 | R 255<br>G 222<br>B 42 | R 247<br>G 187<br>B 152 | R 237<br>G 126<br>B 44 | R 237<br>G 109<br>B 43 | R 254<br>G 225<br>B 153 |

| C 0<br>M 100<br>Y 100<br>K 60<br>#7D0000 | C 0<br>M 100<br>Y 100<br>K 0<br>#E60012 | C 0<br>M 80<br>Y 80<br>K 40<br>#A7381D | C 0<br>M 40<br>Y 40<br>K 0<br>#F5B090 | C 0<br>M 60<br>Y 60<br>K 30<br>#BD6748 | C 0<br>M 80<br>Y 80<br>K 0<br>#EA5532 | C 0<br>M 100<br>Y 100<br>K 20<br>#C7000B |
|---|---|---|---|---|---|---|
| R 125<br>G 0<br>B 0 | R 230<br>G 0<br>B 18 | R 167<br>G 56<br>B 29 | R 245<br>G 176<br>B 144 | R 189<br>G 103<br>B 72 | R 234<br>G 85<br>B 50 | R 199<br>G 0<br>B 11 |

### ● 寒色系

| C 70<br>M 57<br>Y 0<br>K 0<br>#5D6BB2 | C 47<br>M 28<br>Y 15<br>K 0<br>#93A9C2 | C 15<br>M 0<br>Y 30<br>K 0<br>#E2EEC5 | C 34<br>M 0<br>Y 0<br>K 0<br>#B0DFF5 | C 29<br>M 12<br>Y 22<br>K 0<br>#C0D0C8 | C 41<br>M 13<br>Y 0<br>K 0<br>#9FC5E9 | C 37<br>M 23<br>Y 5<br>K 0<br>#ABB9D8 |
|---|---|---|---|---|---|---|
| R 93<br>G 107<br>B 178 | R 147<br>G 169<br>B 194 | R 226<br>G 238<br>B 197 | R 176<br>G 223<br>B 245 | R 192<br>G 208<br>B 200 | R 159<br>G 197<br>B 233 | R 171<br>G 185<br>B 216 |

| C 100<br>M 0<br>Y 0<br>K 60<br>#005982 | C 100<br>M 0<br>Y 0<br>K 20<br>#008DCB | C 80<br>M 40<br>Y 0<br>K 20<br>#136EAB | C 100<br>M 0<br>Y 0<br>K 20<br>#005AA0 | C 100<br>M 50<br>Y 0<br>K 0<br>#0068B7 | C 100<br>M 0<br>Y 0<br>K 0<br>#00A0E9 | C 100<br>M 50<br>Y 0<br>K 60<br>#003567 |
|---|---|---|---|---|---|---|
| R 0<br>G 89<br>B 130 | R 0<br>G 141<br>B 203 | R 19<br>G 110<br>B 171 | R 0<br>G 90<br>B 160 | R 0<br>G 104<br>B 183 | R 0<br>G 160<br>B 233 | R 0<br>G 53<br>B 103 |

### ● 中性色系

| C 83<br>M 40<br>Y 44<br>K 0<br>#137D88 | C 58<br>M 17<br>Y 50<br>K 0<br>#75AC8E | C 23<br>M 7<br>Y 60<br>K 0<br>#D1D87E | C 51<br>M 0<br>Y 25<br>K 0<br>#81CBC8 | C 78<br>M 50<br>Y 55<br>K 0<br>#437272 | C 76<br>M 40<br>Y 48<br>K 0<br>#428182 | C 49<br>M 0<br>Y 35<br>K 0<br>#89CCB6 |
|---|---|---|---|---|---|---|
| R 19<br>G 125<br>B 136 | R 117<br>G 172<br>B 142 | R 209<br>G 216<br>B 126 | R 129<br>G 203<br>B 200 | R 67<br>G 114<br>B 114 | R 66<br>G 129<br>B 130 | R 137<br>G 204<br>B 182 |

| C 16<br>M 85<br>Y 11<br>K 0<br>#CF4287 | C 0<br>M 100<br>Y 0<br>K 0<br>#E4007F | C 30<br>M 60<br>Y 0<br>K 0<br>#BA79B1 | C 35<br>M 70<br>Y 0<br>K 10<br>#A55B9A | C 0<br>M 80<br>Y 0<br>K 20<br>#CA4684 | C 0<br>M 100<br>Y 0<br>K 40<br>#A4005B | C 50<br>M 100<br>Y 0<br>K 0<br>#6A005F |
|---|---|---|---|---|---|---|
| R 207<br>G 66<br>B 135 | R 228<br>G 0<br>B 127 | R 186<br>G 121<br>B 177 | R 165<br>G 91<br>B 154 | R 202<br>G 70<br>B 132 | R 164<br>G 0<br>B 91 | R 106<br>G 0<br>B 95 |

PART 2 配色パターンのきほん

そろえる 01 同系色

# 同一トーン　トーンをそろえる

トーン（色の調子）は明度と彩度の違いで変化します。同じ赤でも「鮮やかな赤」「淡い赤」「濃い赤」のようにトーンが変われば印象も変わります。色相が離れた色を配置したり、さまざまな色相（多色）を組み合わせる必要がある場合にも、トーンをそろえて配色することによって統一感やまとまりが生まれます。色の組み合わせは最初にメインカラーを決めてから考えるのがコツです。

スイーツの可愛らしさを引き立てるパステルカラーのトーンを使用して、全体をやわらかい雰囲気に仕上げています。背景に使用しているライトグリーンのメインカラーが、パッと目線を惹きつける配色になっています。

→ メインカラー

## 作例カラー

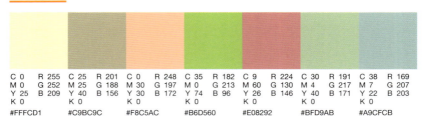

| C 0 | C 25 | C 0 | C 35 | C 9 | C 30 | C 38 |
| M 0 | M 25 | M 30 | M 0 | M 60 | M 4 | M 7 |
| Y 25 | Y 40 | Y 30 | Y 74 | Y 26 | Y 40 | Y 22 |
| K 0 | K 0 | K 0 | K 0 | K 0 | K 0 | K 0 |
| R 255 | R 201 | R 248 | R 182 | R 224 | R 191 | R 169 |
| G 252 | G 188 | G 197 | G 213 | G 130 | G 217 | G 207 |
| B 209 | B 156 | B 172 | B 96 | B 146 | B 171 | B 203 |
| #FFFCD1 | #C9BC9C | #F8C5AC | #B6D560 | #E08292 | #BFD9AB | #A9CFCB |

# 配色サンプル

## ● 鮮やかなトーン

| C 0<br>M 100<br>Y 0<br>K 0 | R 228<br>G 0<br>B 127 | C 5<br>M 0<br>Y 90<br>K 0 | R 250<br>G 238<br>B 0 | C 75<br>M 0<br>Y 100<br>K 0 | R 34<br>G 172<br>B 56 | C 100<br>M 0<br>Y 0<br>K 0 | R 0<br>G 160<br>B 233 | C 75<br>M 100<br>Y 0<br>K 0 | R 96<br>G 25<br>B 134 | C 0<br>M 95<br>Y 20<br>K 0 | R 230<br>G 22<br>B 115 | C 0<br>M 50<br>Y 100<br>K 0 | R 243<br>G 152<br>B 0 |
|---|---|---|---|---|---|---|---|---|---|---|---|---|---|
| #E4007F | | #FAEE00 | | #22AC38 | | #00A0E9 | | #601986 | | #E61673 | | #F39800 | |

| C 50<br>M 0<br>Y 100<br>K 10 | R 134<br>G 184<br>B 27 | C 0<br>M 0<br>Y 100<br>K 10 | R 243<br>G 225<br>B 0 | C 0<br>M 50<br>Y 100<br>K 10 | R 228<br>G 142<br>B 0 | C 0<br>M 100<br>Y 50<br>K 10 | R 215<br>G 0<br>B 74 | C 25<br>M 100<br>Y 0<br>K 10 | R 179<br>G 0<br>B 121 | C 0<br>M 100<br>Y 0<br>K 10 | R 214<br>G 0<br>B 119 | C 100<br>M 0<br>Y 0<br>K 10 | R 0<br>G 151<br>B 219 |
|---|---|---|---|---|---|---|---|---|---|---|---|---|---|
| #86B81B | | #F3E100 | | #E48E00 | | #D7004A | | #B30079 | | #D60077 | | #0C97DB | |

## ● やわらかなトーン

| C 0<br>M 8<br>Y 18<br>K 0 | R 254<br>G 240<br>B 216 | C 0<br>M 0<br>Y 31<br>K 0 | R 255<br>G 251<br>B 196 | C 15<br>M 0<br>Y 22<br>K 0 | R 225<br>G 239<br>B 213 | C 11<br>M 0<br>Y 2<br>K 0 | R 232<br>G 245<br>B 250 | C 5<br>M 12<br>Y 0<br>K 0 | R 243<br>G 231<br>B 242 | C 0<br>M 13<br>Y 0<br>K 0 | R 252<br>G 233<br>B 242 | C 5<br>M 0<br>Y 5<br>K 0 | R 246<br>G 250<br>B 246 |
|---|---|---|---|---|---|---|---|---|---|---|---|---|---|
| #FEF0D8 | | #FFFBC4 | | #E1EFD5 | | #E8F5FA | | #F3E7F2 | | #FCE9F2 | | #F6FAF6 | |

| C 0<br>M 60<br>Y 0<br>K 0 | R 238<br>G 135<br>B 180 | C 0<br>M 60<br>Y 30<br>K 0 | R 239<br>G 133<br>B 140 | C 0<br>M 30<br>Y 60<br>K 0 | R 249<br>G 194<br>B 112 | C 0<br>M 0<br>Y 60<br>K 0 | R 255<br>G 246<br>B 127 | C 60<br>M 0<br>Y 30<br>K 0 | R 97<br>G 193<br>B 190 | C 60<br>M 0<br>Y 0<br>K 0 | R 84<br>G 195<br>B 241 | C 60<br>M 30<br>Y 0<br>K 0 | R 108<br>G 155<br>B 210 |
|---|---|---|---|---|---|---|---|---|---|---|---|---|---|
| #EE87B4 | | #EF858C | | #F9C270 | | #FFF67F | | #61C1BE | | #54C3F1 | | #6C9BD2 | |

## ● 落ち着きのあるトーン

| C 100<br>M 0<br>Y 25<br>K 40 | R 0<br>G 116<br>B 141 | C 25<br>M 0<br>Y 100<br>K 40 | R 146<br>G 156<br>B 0 | C 100<br>M 0<br>Y 100<br>K 40 | R 0<br>G 113<br>B 48 | C 0<br>M 50<br>Y 100<br>K 40 | R 172<br>G 106<br>B 0 | C 0<br>M 100<br>Y 75<br>K 40 | R 164<br>G 0<br>B 30 | C 0<br>M 100<br>Y 0<br>K 40 | R 164<br>G 0<br>B 91 | C 100<br>M 100<br>Y 0<br>K 40 | R 16<br>G 9<br>B 100 |
|---|---|---|---|---|---|---|---|---|---|---|---|---|---|
| #00748D | | #929C00 | | #007130 | | #AC6A00 | | #A4001E | | #A4005B | | #100964 | |

| C 60<br>M 0<br>Y 15<br>K 30 | R 70<br>G 155<br>B 173 | C 0<br>M 60<br>Y 15<br>K 30 | R 189<br>G 105<br>B 129 | C 15<br>M 60<br>Y 0<br>K 30 | R 169<br>G 100<br>B 142 | C 0<br>M 60<br>Y 45<br>K 30 | R 189<br>G 104<br>B 93 | C 30<br>M 0<br>Y 60<br>K 30 | R 152<br>G 174<br>B 102 | C 0<br>M 15<br>Y 60<br>K 30 | R 199<br>G 174<br>B 94 | C 0<br>M 45<br>Y 60<br>K 30 | R 192<br>G 129<br>B 80 |
|---|---|---|---|---|---|---|---|---|---|---|---|---|---|
| #469BAD | | #BD6981 | | #A9648E | | #BD685D | | #98AE66 | | #C7AE5E | | #C08150 | |

## 03 そろえる

# 赤み・青み ウォームシェードとクールシェード

同じ色相でも、赤みのある暖色系と青みのある寒色系では色のイメージは異なります。逆に異なる色相でも、赤みや青みをそろえることで配色にまとまりが出せます。暖色系・寒色系の色はともに彩度が高いと力強い印象を与え、彩度が低いと穏やかな印象を与えます。赤が持つ激しさや興奮、青が持つ爽やかさや静寂といったイメージは彩度や明度で強弱をつけることが可能です。

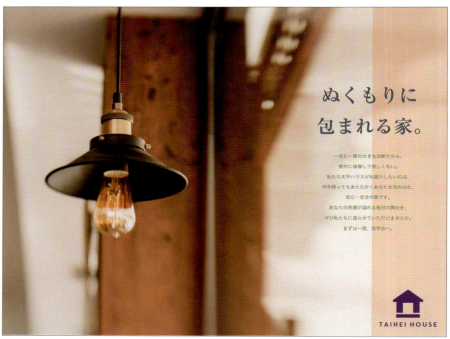

赤みがかった色(ウォームシェード)を使用することで、青や緑などの異なる色相にも統一感が生まれます。シアンを抑えめにしてマゼンタを入れ、やや彩度を低めにすると、温かみのある色に調整できます。

### 作例カラー

| C 0 | R 232 | C 83 | R 50 | C 75 | R 96 | C 78 | R 51 |
| M 88 | G 63 | M 55 | G 103 | M 95 | G 43 | M 27 | G 142 |
| Y 90 | B 32 | Y 26 | B 116 | Y 18 | B 124 | Y 92 | B 69 |
| K 0 | | K 3 | | K 0 | | K 0 | |
| #E83F20 | | #326774 | | #602B7C | | #338E45 | |

青みがかった色(クールシェード)の配色は、寒さや夜の印象を与えます。

配色サンプル

# アクセントカラー ポイントを強調する

ひきたてる 04

色相やトーンをそろえた配色のなかにアクセントカラー(強調色)を加えることで、特定の部分を目立たせたり、配色全体を引き締めることができます。配色の調和を少しだけ破ることによって変化が生まれるのです。アクセントカラーは小さい面積で使用するのが基本で、多用しすぎると散漫なイメージになります。また、アクセントにもっとも効果的な色は高彩度の色になります。

アクセントカラー

アクセントカラーの赤がパッと目を惹きつけます。アクセントカラーに合わせて赤みを帯びたセピアにすることで、全体のまとまりも生まれます。

## 作例カラー

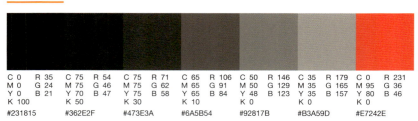

| C 0<br>M 0<br>Y 0<br>K 100 | R 35<br>G 24<br>B 21 | C 75<br>M 75<br>Y 70<br>K 50 | R 54<br>G 46<br>B 47 | C 75<br>M 75<br>Y 75<br>K 30 | R 71<br>G 62<br>B 58 | C 65<br>M 65<br>Y 65<br>K 10 | R 106<br>G 91<br>B 84 | C 50<br>M 50<br>Y 48<br>K 0 | R 146<br>G 129<br>B 123 | C 35<br>M 35<br>Y 35<br>K 0 | R 179<br>G 165<br>B 157 | C 0<br>M 95<br>Y 80<br>K 0 | R 231<br>G 36<br>B 46 |
|---|---|---|---|---|---|---|---|---|---|---|---|---|---|
| #231815 | | #362E2F | | #473E3A | | #6A5B54 | | #92817B | | #B3A59D | | #E7242E | |

# 配色サンプル

★ ☆ …アクセントカラー

● 色相差のあるアクセント

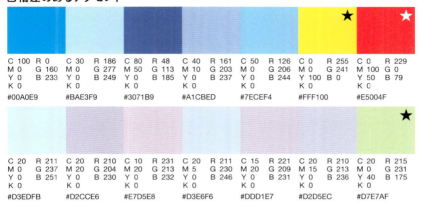

● 補色のアクセント

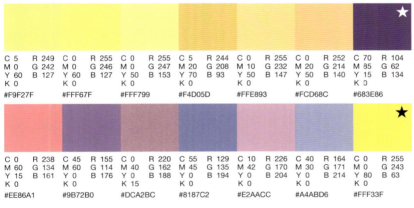

● 彩度差のあるアクセント

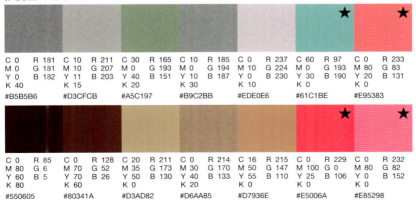

## コントラスト  差で引き立てあう

色は他の色との組み合わせ（色の対比）によって見え方が変わります。色相が近い類似色の組み合わせは調和しやすく、補色の組み合わせは互いの色を強調し合い、刺激的な印象になります。彩度の異なる色を組み合わせると、彩度が高い色はより鮮やかに、彩度が低い色はよりくすんで見えます。また、明度差が大きい色を組み合わせると可視性（ものの見えやすさ）が高くなります。

空と山のコントラストによって、雄大な自然をテーマとしたビジュアルの迫力が際立っています。光と影を意識した色合いは、目線を強く惹きつけます。

異なるコントラスト

### 作例カラー

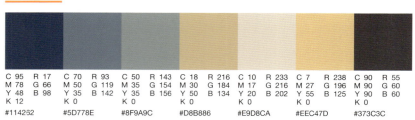

| C 95  M 78  Y 48  K 12 | C 70  M 50  Y 35  K 0 | C 50  M 35  Y 35  K 0 | C 18  M 30  Y 20  K 0 | C 10  M 17  Y 20  K 0 | C 7  M 27  Y 55  K 0 | C 90  M 90  Y 90  K 0 |
|---|---|---|---|---|---|---|
| R 17  G 66  B 98 | R 93  G 119  B 142 | R 143  G 154  B 156 | R 216  G 184  B 134 | R 233  G 216  B 202 | R 238  G 196  B 125 | R 55  G 60  B 60 |
| #114262 | #5D778E | #8F9A9C | #D8B886 | #E9D8CA | #EEC47D | #373C3C |

# 配色サンプル

## ● 色相のコントラスト

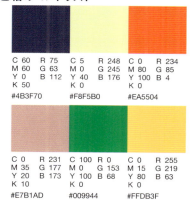

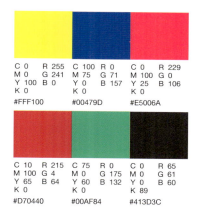

## ● 明度のコントラスト

## ● 彩度のコントラスト

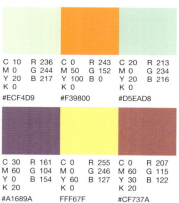

# セパレーション　差のある色を挟む

## ひきたてる　06

隣りあった色のコントラストが強烈すぎると見づらくなったり、逆に色が似すぎるとぼやけた印象になることがあります。そのような場合、色の境界部分に別の色を差し込んで分離（セパレーション）すると全体を調和させることができます。色を分離するためのセパレーションカラーは、隣りあった色に対して明度差や彩度差があるものを選び、使用面積を小さく抑えるのがコツです。

やわらかいピンクとスキンカラーに深めの茶色を挟むことで、全体のデザインを引き締めています。甘くなりがちな色合いを区切るラインを入れることで、デザインにメリハリが生まれます。

セパレーションカラー

### 作例カラー

C 0　R 241
M 50　G 158
Y 0　B 194
K 0
#F19EC2

C 0　R 88
M 30　G 63
Y 100　B 0
K 80
#583F00

C 0　R 244
M 17　G 216
Y 25　B 188
K 5
#F4D8BC

C 2　R 252
M 2　G 251
Y 3　B 249
K 0
#FCFBF9

# 配色サンプル

★ ☆ …セパレーションカラー

## ● 高明度の色でセパレーション

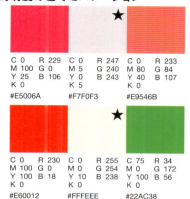
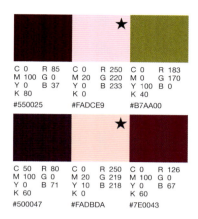

## ● 低明度・低彩度の色でセパレーション

## ● 無彩色（に近い色）でセパレーション

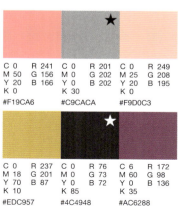

## グラデーション 色の変化をつなげる

**なじませる 07**

色を段階的に変化させて並べていくのがグラデーション配色です。グラデーションは色相やトーンの調整で表現できます。ただし、色相の変化の途中に色相環の順序と違う色が混ざったり、トーンの変化の途中にトーンの異なる色が混ざると連続性が失われるため、グラデーションの効果は得られなくなります。同一色相を用いたグラデーションほど、まとまり感は強くなります。

ビジュアルのなかに存在する美しいグラデーションをタイポグラフィのカラーデザインにも活用し、雄大な印象を強めています。自然界に生まれるグラデーションを、有効にデザインに取り入れてみましょう。

### 作例カラー

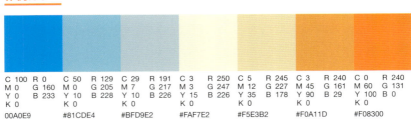

| C 100 M 0 Y 0 K 0 | R 0 G 160 B 233 | C 50 M 0 Y 10 K 0 | R 129 G 205 B 228 | C 29 M 7 Y 10 K 0 | R 191 G 217 B 226 | C 3 M 3 Y 15 K 0 | R 250 G 247 B 226 | C 5 M 12 Y 35 K 0 | R 245 G 227 B 178 | C 3 M 45 Y 90 K 0 | R 240 G 161 B 29 | C 0 M 60 Y 100 K 0 | R 240 G 131 B 0 |
|---|---|---|---|---|---|---|---|---|---|---|---|---|---|
| #00A0E9 | | #81CDE4 | | #BFD9E2 | | #FAF7E2 | | #F5E3B2 | | #F0A11D | | #F08300 | |

# 配色サンプル

## 1色

| | |
|---|---|
| C 0 / M 0 / Y 0 / K 0<br>R 255 / G 255 / B 255<br>#FFFFFF | C 0 / M 100 / Y 0 / K 0<br>R 228 / G 0 / B 127<br>#E4007F |

## 補色

| | |
|---|---|
| C 0 / M 0 / Y 70 / K 0<br>R 255 / G 244 / B 98<br>#FFF462 | C 70 / M 70 / Y 0 / K 0<br>R 99 / G 86 / B 163<br>#6356A3 |

## 色相

| | | | | | | |
|---|---|---|---|---|---|---|
| C 0 / M 20 / Y 20 / K 0<br>R 251 / G 218 / B 200<br>#FBDAC8 | C 0 / M 15 / Y 20 / K 0<br>R 252 / G 227 / B 205<br>#FCE3CD | C 0 / M 10 / Y 20 / K 0<br>R 254 / G 236 / B 210<br>#FEECD2 | C 0 / M 5 / Y 20 / K 0<br>R 255 / G 245 / B 215<br>#FFF5D7 | C 0 / M 0 / Y 20 / K 0<br>R 255 / G 252 / B 219<br>#FFFCDB | C 5 / M 0 / Y 20 / K 0<br>R 247 / G 248 / B 218<br>#F7F8DA | C 10 / M 0 / Y 20 / K 0<br>R 236 / G 244 / B 217<br>#ECF4D9 |

## 明度

| | | | | | | |
|---|---|---|---|---|---|---|
| C 100 / M 50 / Y 0 / K 80<br>R 0 / G 26 / B 67<br>#001A43 | C 100 / M 50 / Y 0 / K 60<br>R 0 / G 53 / B 103<br>#003567 | C 60 / M 30 / Y 0 / K 20<br>R 93 / G 135 / B 183<br>#5D87B7 | C 20 / M 10 / Y 0 / K 0<br>R 211 / G 222 / B 241<br>#D3DEF1 | C 60 / M 30 / Y 0 / K 20<br>R 93 / G 135 / B 183<br>#5D87B7 | C 100 / M 50 / Y 0 / K 60<br>R 0 / G 53 / B 103<br>#003567 | C 100 / M 50 / Y 0 / K 80<br>R 0 / G 26 / B 67<br>#001A43 |

## 彩度

| | | | | | | |
|---|---|---|---|---|---|---|
| C 60 / M 0 / Y 45 / K 0<br>R 101 / G 191 / B 161<br>#65BFA1 | C 40 / M 0 / Y 30 / K 0<br>R 164 / G 214 / B 193<br>#A4D6C1 | C 20 / M 0 / Y 15 / K 0<br>R 213 / G 235 / B 225<br>#D5EBE1 | C 10 / M 0 / Y 10 / K 0<br>R 235 / G 245 / B 236<br>#EBF5EC | C 20 / M 0 / Y 15 / K 0<br>R 213 / G 235 / B 225<br>#D5EBE1 | C 40 / M 0 / Y 30 / K 0<br>R 164 / G 214 / B 193<br>#A4D6C1 | C 60 / M 0 / Y 45 / K 0<br>R 101 / G 191 / B 161<br>#65BFA1 |

## トーン

| | | | | | | |
|---|---|---|---|---|---|---|
| C 0 / M 100 / Y 100 / K 0<br>R 230 / G 0 / B 18<br>#E60012 | C 0 / M 90 / Y 90 / K 0<br>R 232 / G 56 / B 32<br>#E83820 | C 0 / M 80 / Y 80 / K 0<br>R 234 / G 85 / B 50<br>#EA5532 | C 0 / M 70 / Y 70 / K 0<br>R 237 / G 109 / B 70<br>#ED6D46 | C 0 / M 60 / Y 60 / K 0<br>R 239 / G 132 / B 93<br>#EF845D | C 0 / M 50 / Y 50 / K 0<br>R 242 / G 154 / B 118<br>#F29A76 | C 0 / M 40 / Y 40 / K 0<br>R 245 / G 176 / B 144<br>#F5B090 |

PART 2 配色パターンのきほん

なじませる 07 グラデーション

## 08 なじませる

# 微妙な差  あいまいさで惹きつける

似た色を組み合わせて、わざとあいまいな印象を与える配色もあります。同じ色相でトーンもかなり近く、遠くから見ると1色に見えるような配色を「カマイユ配色」(カマイユはモノクロームのフランス語表現)といいます。また、カマイユ配色よりも少し変化がある「フォカマイユ配色」は、類似色相と同一または類似トーンの色を組み合わせた配色を指します(フォは「偽の」の意)。

ビジュアルのやわらかな印象を高める、微妙な差の色使いのデザイン。季節や温度を感じさせつつ、同系色で強めの色を1つだけ加えることで、全体のバランスを引き締めています。

### 作例カラー

| C 10<br>M 80<br>Y 25<br>K 0 | R 218<br>G 82<br>B 126 | C 10<br>M 60<br>Y 25<br>K 0 | R 223<br>G 130<br>B 147 | C 10<br>M 32<br>Y 25<br>K 0 | R 230<br>G 188<br>B 178 | C 20<br>M 32<br>Y 32<br>K 0 | R 210<br>G 180<br>B 165 | C 16<br>M 20<br>Y 20<br>K 4 | R 215<br>G 201<br>B 194 | C 13<br>M 10<br>Y 10<br>K 0 | R 227<br>G 227<br>B 226 | C 0<br>M 0<br>Y 0<br>K 5 | R 247<br>G 248<br>B 248 |
| --- | --- | --- | --- | --- | --- | --- | --- | --- | --- | --- | --- | --- | --- |
| #DA527E | | #DF8293 | | #E6BCB2 | | #D2B4A5 | | #D7C9C2 | | #E3E3E2 | | #F7F8F8 | |

## 配色サンプル

### ● 淡い色の微妙な差

| C 0<br>M 20<br>Y 5<br>K 0 | R 250<br>G 220<br>B 226 | C 0<br>M 40<br>Y 10<br>K 0 | R 244<br>G 179<br>B 194 | C 0<br>M 40<br>Y 10<br>K 20 | R 211<br>G 155<br>B 169 | C 0<br>M 40<br>Y 20<br>K 0 | R 245<br>G 178<br>B 178 | C 0<br>M 40<br>Y 0<br>K 20 | R 211<br>G 156<br>B 181 | C 10<br>M 40<br>Y 0<br>K 0 | R 227<br>G 174<br>B 206 | C 5<br>M 20<br>Y 0<br>K 0 | R 241<br>G 217<br>B 233 |
|---|---|---|---|---|---|---|---|---|---|---|---|---|---|
| #FADCE2 | | #F4B3C2 | | #D39BA9 | | #F5B2B2 | | #D39CB5 | | #E3AECE | | #F1D9E9 | |

| C 20<br>M 0<br>Y 20<br>K 0 | R 213<br>G 234<br>B 216 | C 40<br>M 0<br>Y 40<br>K 15 | R 149<br>G 192<br>B 157 | C 40<br>M 0<br>Y 30<br>K 0 | R 164<br>G 214<br>B 193 | C 30<br>M 0<br>Y 40<br>K 15 | R 172<br>G 201<br>B 157 | C 45<br>M 10<br>Y 45<br>K 0 | R 153<br>G 194<br>B 156 | C 20<br>M 5<br>Y 40<br>K 0 | R 215<br>G 225<br>B 172 | C 40<br>M 0<br>Y 45<br>K 0 | R 166<br>G 211<br>B 162 |
|---|---|---|---|---|---|---|---|---|---|---|---|---|---|
| #D5EAD8 | | #95C09D | | #A4D6C1 | | #ACC99D | | #99C29C | | #D7E1AC | | #A6D3A2 | |

### ● 濃い色の微妙な差

| C 100<br>M 0<br>Y 0<br>K 40 | R 0<br>G 117<br>B 169 | C 100<br>M 25<br>Y 0<br>K 60 | R 0<br>G 73<br>B 117 | C 100<br>M 0<br>Y 0<br>K 80 | R 0<br>G 56<br>B 86 | C 100<br>M 50<br>Y 0<br>K 60 | R 0<br>G 53<br>B 103 | C 100<br>M 25<br>Y 0<br>K 40 | R 0<br>G 97<br>B 152 | C 100<br>M 25<br>Y 0<br>K 80 | R 0<br>G 43<br>B 77 | C 80<br>M 0<br>Y 0<br>K 60 | R 0<br>G 96<br>B 131 |
|---|---|---|---|---|---|---|---|---|---|---|---|---|---|
| #0075A9 | | #004975 | | #003856 | | #003567 | | #006198 | | #002B4D | | #006083 | |

| C 0<br>M 100<br>Y 100<br>K 80 | R 83<br>G 0<br>B 0 | C 0<br>M 50<br>Y 100<br>K 80 | R 86<br>G 46<br>B 0 | C 50<br>M 0<br>Y 100<br>K 80 | R 42<br>G 68<br>B 0 | C 0<br>M 0<br>Y 100<br>K 80 | R 91<br>G 83<br>B 0 | C 100<br>M 0<br>Y 50<br>K 80 | R 0<br>G 56<br>B 51 | C 100<br>M 50<br>Y 0<br>K 80 | R 0<br>G 26<br>B 67 | C 50<br>M 100<br>Y 0<br>K 80 | R 51<br>G 0<br>B 43 |
|---|---|---|---|---|---|---|---|---|---|---|---|---|---|
| #530000 | | #562E00 | | #2A4400 | | #5B5300 | | #003833 | | #001A43 | | #33002B | |

### ● 色相に変化をつけた微妙な差

| C 0<br>M 100<br>Y 100<br>K 40 | R 164<br>G 0<br>B 0 | C 0<br>M 100<br>Y 50<br>K 40 | R 164<br>G 0<br>B 53 | C 50<br>M 100<br>Y 0<br>K 60 | R 80<br>G 0<br>B 71 | C 0<br>M 100<br>Y 100<br>K 60 | R 125<br>G 0<br>B 0 | C 0<br>M 50<br>Y 100<br>K 60 | R 131<br>G 78<br>B 0 | C 0<br>M 100<br>Y 0<br>K 40 | R 164<br>G 0<br>B 91 | C 0<br>M 100<br>Y 50<br>K 60 | R 126<br>G 0<br>B 67 |
|---|---|---|---|---|---|---|---|---|---|---|---|---|---|
| #A40000 | | #A40035 | | #500047 | | #7D0000 | | #834E00 | | #A4005B | | #7E0043 | |

| C 0<br>M 40<br>Y 20<br>K 0 | R 245<br>G 178<br>B 178 | C 0<br>M 40<br>Y 40<br>K 0 | R 245<br>G 176<br>B 144 | C 0<br>M 20<br>Y 40<br>K 0 | R 252<br>G 215<br>B 161 | C 0<br>M 0<br>Y 40<br>K 0 | R 255<br>G 249<br>B 177 | C 20<br>M 0<br>Y 40<br>K 0 | R 215<br>G 231<br>B 175 | C 40<br>M 0<br>Y 20<br>K 0 | R 165<br>G 212<br>B 173 | C 40<br>M 0<br>Y 20<br>K 0 | R 162<br>G 215<br>B 212 |
|---|---|---|---|---|---|---|---|---|---|---|---|---|---|
| #F5B2B2 | | #F5B090 | | #FCD7A1 | | #FFF9B1 | | #D7E7AF | | #A5D4AD | | #A2D7D4 | |

PART 2 配色パターンのきほん

なじませる 08 微妙な差

## 自然な調和　ナチュラルハーモニー

自然光(太陽光)でものを見ると、光が当たった部分は黄みがかった色に見え、影の部分は青みがかった色に見えます。この現象は"光が当たる「黄色」に近い色の明度・彩度は高くなり、影になる「青紫」に近い色の明度・彩度は低くなる"と言い換えることができます。このような色の組み合わせは「ナチュラルハーモニー」と呼ばれ、見慣れた自然な印象を与えます。

自然に生まれる色の調和を利用し、爽やかな色合いにまとめています。風景や植物を配色の参考にすることで、ナチュラルな雰囲気をつくり出すことが可能です。

### 作例カラー

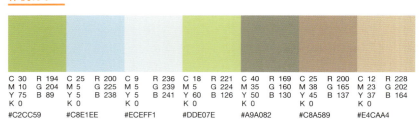

| C 30 M 10 Y 75 K 0 | R 194 G 204 B 89 | C 25 M 5 Y 5 K 0 | R 200 G 225 B 238 | C 9 M 5 Y 5 K 0 | R 236 G 239 B 241 | C 18 M 5 Y 60 K 0 | R 221 G 224 B 126 | C 40 M 35 Y 50 K 0 | R 169 G 160 B 130 | C 25 M 38 Y 45 K 0 | R 200 G 165 B 137 | C 12 M 23 Y 37 K 0 | R 228 G 202 B 164 |
| --- | --- | --- | --- | --- | --- | --- | --- | --- | --- | --- | --- | --- | --- |
| #C2CC59 | | #C8E1EE | | #ECEFF1 | | #DDE07E | | #A9A082 | | #C8A589 | | #E4CAA4 | |

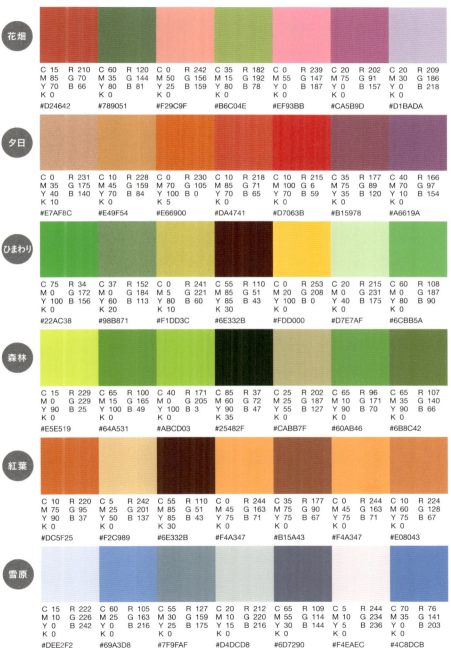

## 10 なじませる

# 人工的な調和　コンプレックスハーモニー

自然光の見え方（p.056参照）とは逆に、「青紫」に近い色の明度・彩度が高くなり、「黄色」に近い色の明度・彩度が低くなる色を組み合わせる配色を「コンプレックスハーモニー」と呼びます（「コンプレックス」には「複雑な」という意味があります）。自然界では見られない配色は、違和感や不思議な感覚を与えるため、非日常・人工的・斬新といったイメージを演出したいときに有効です。

写真などのビジュアルに青を鮮やかにする補正を加え、違和感を与えて惹きつけます。コンプレックスハーモニーの配色はおしゃれで洗練された印象を与えるため、若者向けのアパレルファッションなどにもよく用いられます。

### 作例カラー

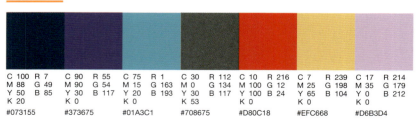

| C 100<br>M 88<br>Y 50<br>K 20 | R 7<br>G 49<br>B 85 | C 90<br>M 90<br>Y 30<br>K 0 | R 55<br>G 54<br>B 117 | C 75<br>M 15<br>Y 20<br>K 0 | R 1<br>G 163<br>B 193 | C 30<br>M 0<br>Y 20<br>K 53 | R 112<br>G 134<br>B 117 | C 10<br>M 100<br>Y 100<br>K 0 | R 216<br>G 12<br>B 24 | C 7<br>M 25<br>Y 65<br>K 0 | R 239<br>G 198<br>B 104 | C 17<br>M 35<br>Y 0<br>K 0 | R 214<br>G 179<br>B 212 |
| --- | --- | --- | --- | --- | --- | --- | --- | --- | --- | --- | --- | --- | --- |
| #073155 | | #373675 | | #01A3C1 | | #708675 | | #D80C18 | | #EFC668 | | #D6B3D4 | |

# 配色サンプル

## ● 多色相の組み合わせ

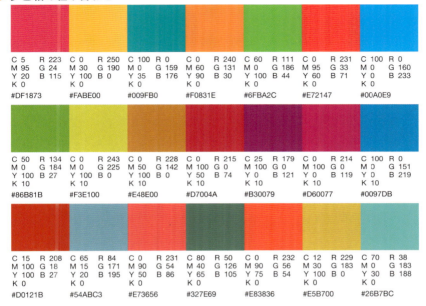

## ● 暖色と寒色の組み合わせ

## ● 無彩色中心の組み合わせ

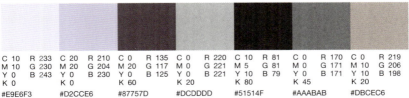

## 補色配色　色の差をはっきりつける

色相環で正反対（180度）の位置にある色を「補色」といいます。このもっとも色相の対比が強くなる色を組み合わせると、互いの鮮やかさが強調されるため、華やかで派手な印象が生まれます。この効果は互いの色の明度が近く、高彩度なほど効果は大きくなりますが、ハレーション（色の境界がぎらぎらして見づらくなる現象）も起きやすくなるので注意が必要です。

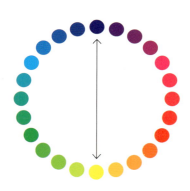

鮮やかなトーン（24色相環）の大胆な補色で存在感を感じさせています。少ない色数でも目を惹くデザインに仕上げたいときに効果的です。

### 作例カラー

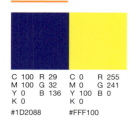

| C 100 | R 29  | C 0   | R 255 |
|-------|-------|-------|-------|
| M 100 | G 32  | M 0   | G 241 |
| Y 0   | B 136 | Y 100 | B 0   |
| K 0   |       | K 0   |       |
| #1D2088 |     | #FFF100 |   |

# 配色サンプル

## ● 明るめのトーン

C 0　R 228　　C 5　R 250
M 100　G 0　　M 0　G 238
Y 0　B 127　　Y 90　B 0
K 0　　　　　K 0
#E4007F　　　#FAEE00

C 50　R 134　　C 0　R 243
M 0　G 184　　M 0　G 225
Y 100　B 27　　Y 100　B 0
K 10　　　　　K 10
#86B81B　　　#F3E100

C 75　R 34　　C 100　R 0
M 0　G 172　　M 0　G 160
Y 100　B 56　　Y 0　B 233
K 0　　　　　K 0
#22AC38　　　#00A0E9

C 0　R 228　　C 0　R 215
M 50　G 142　　M 100　G 0
Y 100　B 0　　Y 50　B 74
K 10　　　　　K 10
#E48E00　　　#D7004A

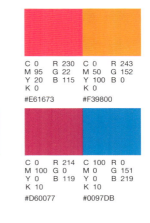

C 0　R 230　　C 0　R 243
M 95　G 22　　M 50　G 152
Y 20　B 115　　Y 100　B 0
K 0　　　　　K 0
#E61673　　　#F39800

C 0　R 214　　C 100　R 0
M 100　G 0　　M 0　G 151
Y 0　B 119　　Y 0　B 219
K 10　　　　　K 10
#D60077　　　#0097DB

## ● 暗めのトーン

C 0　R 135　　C 100　R 0
M 20　G 112　　M 75　G 28
Y 80　B 22　　Y 0　B 88
K 60　　　　　K 60
#877016　　　#001C58

C 40　R 90　　C 40　R 88
M 80　G 27　　M 0　G 112
Y 0　B 82　　Y 80　B 38
K 60　　　　　K 60
#5A1B52　　　#587026

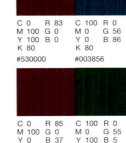

C 0　R 83　　C 100　R 0
M 100　G 0　　M 0　G 56
Y 100　B 0　　Y 0　B 86
K 60　　　　　K 80
#530000　　　#003856

C 0　R 85　　C 100　R 0
M 100　G 0　　M 0　G 55
Y 0　B 37　　Y 100　B 5
K 80　　　　　K 80
#550025　　　#003705

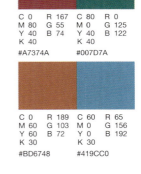

C 0　R 167　　C 80　R 0
M 80　G 55　　M 0　G 125
Y 40　B 74　　Y 40　B 122
K 40　　　　　K 40
#A7374A　　　#007D7A

C 0　R 189　　C 60　R 65
M 60　G 103　　M 0　G 156
Y 60　B 72　　Y 0　B 192
K 30　　　　　K 30
#BD6748　　　#419CC0

## ● トーン差をつける

C 0　R 229　　C 100　R 0
M 100　G 0　　M 0　G 55
Y 25　B 106　　Y 75　B 30
K 0　　　　　K 0
#E5006A　　　#00371E

C 80　R 0　　C 0　R 214
M 20　G 153　　M 30　G 170
Y 0　B 217　　Y 40　B 133
K 0　　　　　K 20
#0099D9　　　#D6AA85

C 0　R 232　　C 40　R 143
M 80　G 82　　M 0　G 184
Y 0　B 152　　Y 40　B 150
K 0　　　　　K 20
#E85298　　　#8FB896

C 10　R 227　　C 75　R 0
M 40　G 174　　M 0　G 94
Y 0　B 206　　Y 100　B 21
K 0　　　　　K 60
#E3AECE　　　#005E15

C 0　R 215　　C 80　R 0
M 100　G 0　　M 0　G 127
Y 75　B 47　　Y 20　B 148
K 10　　　　　K 40
#D7002F　　　#007F94

C 0　R 246　　C 60　R 84
M 40　G 173　　M 30　G 123
Y 80　B 60　　Y 0　B 168
K 0　　　　　K 30
#F6AD3C　　　#547BA8

## 分裂補色配色　やわらかな差を感じさせる

基準色（1色）と基準色の補色の両隣にある色（2色の近似色）を組み合わせた3色による配色が「分裂補色配色」です。色相環で3色の位置関係を線で結ぶと、基準色から補色の方向に向かう線が分裂する形になることから名づけられました。この配色は補色配色（p.060参照）よりもやわらかな印象を与えるのが特徴。近似する2色の面積を大きくするとまとまりやすくなります。

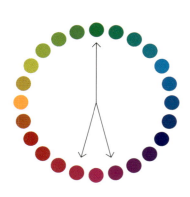

濃いトーン（24色相環）の分裂補色を使用した配色です。ビジュアルのワンピースの緑に合わせ、深みのあるトーンを利用することでデザインに上品さを与えています。

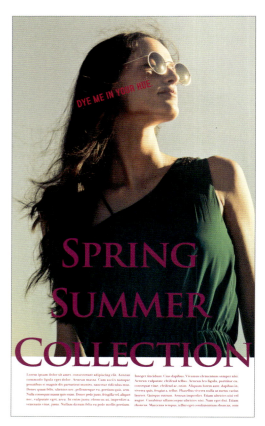

### 作例カラー

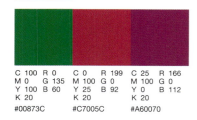

| C 100 | R 0 | C 0 | R 199 | C 25 | R 166 |
| M 0 | G 135 | M 100 | G 0 | M 100 | G 0 |
| Y 100 | B 60 | Y 25 | B 92 | Y 0 | B 112 |
| K 20 | | K 20 | | K 20 | |
| #00873C | | #C7005C | | #A60070 | |

### 配色サンプル

● 明るめのトーン

| C 0   | R 245 | C 40  | R 159 | C 40  | R 162 |
| M 40  | G 177 | M 0   | G 217 | M 0   | G 215 |
| Y 30  | B 162 | Y 0   | B 246 | Y 20  | B 212 |
| K 0   |       | K 0   |       | K 0   |       |
| #F5B1A2 | | #9FD9F6 | | #A2D7D4 | |

| C 0   | R 251 | C 20  | R 211 | C 20  | R 212 |
| M 20  | G 218 | M 5   | G 230 | M 0   | G 236 |
| Y 20  | B 200 | Y 0   | B 246 | Y 5   | B 243 |
| K 0   |       | K 0   |       | K 0   |       |
| #FBDAC8 | | #D3E6F6 | | #D4ECF3 | |

| C 60  | R 101 | C 0   | R 238 | C 0   | R 239 |
| M 0   | G 191 | M 60  | G 135 | M 60  | G 133 |
| Y 45  | B 161 | Y 35  | B 180 | Y 30  | B 140 |
| K 0   |       | K 0   |       | K 0   |       |
| #65BFA1 | | #EE87B4 | | #EF858C | |

| C 0   | R 252 | C 40  | R 164 | C 40  | R 161 |
| M 20  | G 215 | M 30  | G 171 | M 10  | G 203 |
| Y 40  | B 161 | Y 0   | B 214 | Y 0   | B 237 |
| K 0   |       | K 0   |       | K 0   |       |
| #FCD7A1 | | #A4ABD6 | | #A1CBED | |

● 暗めのトーン

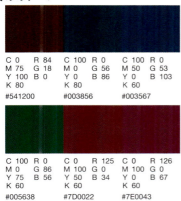

| C 0   | R 84  | C 100 | R 0   | C 100 | R 0   |
| M 75  | G 18  | M 0   | G 56  | M 50  | G 53  |
| Y 100 | B 0   | Y 0   | B 86  | Y 0   | B 103 |
| K 0   |       | K 80  |       | K 60  |       |
| #541200 | | #003856 | | #003567 | |

| C 100 | R 0   | C 0   | R 125 | C 0   | R 126 |
| M 0   | G 86  | M 100 | G 0   | M 100 | G 0   |
| Y 75  | B 56  | Y 50  | B 34  | Y 0   | B 67  |
| K 60  |       | K 0   |       | K 60  |       |
| #005638 | | #7D0022 | | #7E0043 | |

| C 0   | R 135 | C 80  | R 36  | C 80  | R 0   |
| M 20  | G 112 | M 80  | G 23  | M 40  | G 66  |
| Y 80  | B 22  | Y 0   | B 84  | Y 0   | B 109 |
| K 60  |       | K 60  |       | K 60  |       |
| #877016 | | #241754 | | #00426D | |

| C 0   | R 164 | C 75  | R 9   | C 100 | R 0   |
| M 100 | G 0   | M 0   | G 124 | M 0   | G 114 |
| Y 0   | B 91  | Y 100 | B 37  | Y 75  | B 77  |
| K 40  |       | K 40  |       | K 40  |       |
| #A4005B | | #097C25 | | #00724D | |

● 鮮やかなトーン

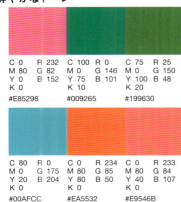

| C 0   | R 232 | C 100 | R 0   | C 75  | R 25  |
| M 80  | G 82  | M 0   | G 146 | M 0   | G 150 |
| Y 0   | B 152 | Y 75  | B 101 | Y 100 | B 48  |
| K 0   |       | K 10  |       | K 20  |       |
| #E85298 | | #009265 | | #199630 | |

| C 80  | R 0   | C 0   | R 234 | C 0   | R 233 |
| M 0   | G 175 | M 80  | G 85  | M 80  | G 84  |
| Y 20  | B 204 | Y 80  | B 50  | Y 40  | B 107 |
| K 0   |       | K 0   |       | K 0   |       |
| #00AFCC | | #EA5532 | | #E9546B | |

● くすんだトーン

| C 10  | R 196 | C 20  | R 186 | C 40  | R 143 |
| M 40  | G 150 | M 0   | G 201 | M 0   | G 184 |
| Y 0   | B 179 | Y 40  | B 152 | Y 40  | B 150 |
| K 20  |       | K 20  |       | K 20  |       |
| #C496B3 | | #BAC998 | | #8FB896 | |

| C 0   | R 189 | C 60  | R 76  | C 60  | R 70  |
| M 60  | G 103 | M 15  | G 140 | M 0   | G 155 |
| Y 60  | B 72  | Y 0   | B 180 | Y 15  | B 173 |
| K 30  |       | K 30  |       | K 30  |       |
| #BD6748 | | #4C8CB4 | | #469BAD | |

## ルールで選ぶ 13

# 3色配色
均等な色相差でバランスよくまとめる

色相環を3等分に分割した際に選ばれる色の組み合わせが「3色配色」です。この方法で選ばれた3つの色相を線で結ぶと色相環のなかに正三角形が表れます。色を選ぶ際は色相環のなかで正三角形を回転させるイメージで考えるとよいでしょう（完全な正三角形でなくても、正三角形に近ければ3色配色といえます）。3色の色相差が均等なため、バランスのとれた印象を与えてくれます。

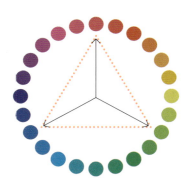

くすんだトーン（24色相環）を3分割した配色のサイトデザインです。3分割したうちの1色をメインカラー、1色をサブカラー、残りの1色をアクセントカラーとして使うことで、デザインにもまとまりが生まれます。

### 作例カラー

| C 0  | R 202 | C 80 | R 19  | C 40 | R 147 |
|------|-------|------|-------|------|-------|
| M 80 | G 71  | M 40 | G 110 | M 0  | G 180 |
| Y 40 | B 92  | Y 0  | B 171 | Y 80 | B 71  |
| K 20 |       | K 20 |       | K 20 |       |

#CA475C   #136EAB   #93B447

## 配色サンプル

### ● 明るめのトーン

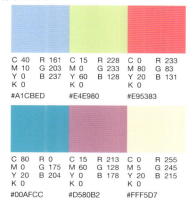

### ● 暗めのトーン

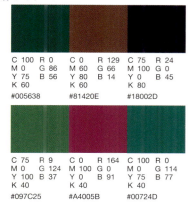

### ● 鮮やかなトーン

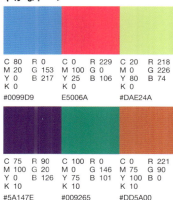

### ● くすんだトーン

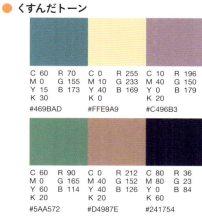

## 4色配色　リズミカルな変化を与える

色相環を4等分した際に選ばれる色の組み合わせが「4色配色」です。この方法で選んだ4つの色相を線で結ぶと色相環のなかに正方形が現れます。この正方形を回転させるイメージで、配色に使用する4色を選択します（正方形に近い台形や長方形になる色の組み合わせも可能）。3色配色（p.064参照）よりも色相差が小さく、均等に色相が変化するためリズミカルな印象を与えます。

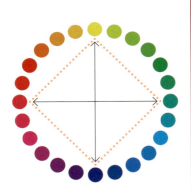

強いトーン（24色相環）を利用した4分割の配色をパターンで組み合わせ、楽しげな雰囲気に仕上げたデザインです。補色どうしの組み合わせが、カラフルな印象を与えます。

### 作例カラー

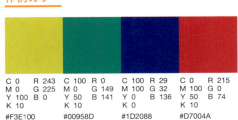

| C 0<br>M 0<br>Y 100<br>K 10<br>#F3E100 | C 100<br>M 0<br>Y 50<br>K 10<br>#00958D | C 100<br>M 100<br>Y 0<br>K 0<br>#1D2088 | C 0<br>M 100<br>Y 50<br>K 10<br>#D7004A | R 243<br>G 225<br>B 0 | R 0<br>G 149<br>B 141 | R 29<br>G 32<br>B 136 | R 215<br>G 0<br>B 74 |

# 配色サンプル

## ● 明るめのトーン

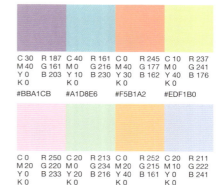

## ● 暗めのトーン

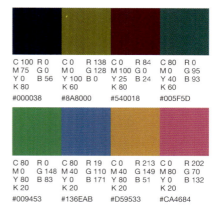

## ● 鮮やかなトーン

## ● くすんだトーン

## ルールで選ぶ 15

## 6色配色　カラフルななかに統一感を持たせる

色相環を6等分した色の組み合わせが「6色配色」です。6つの色相を線で結ぶと色相環のなかに正六角形が現れます。この正六角形を回転させるイメージで6色を選びます（正六角形に近い形の色の組み合わせも可能です）。この配色は色数が多いながらも統一感があり、にぎやかな印象を与えてくれます。なお、2〜6等分する「色相分割」の配色ではトーンを自由に選べます。

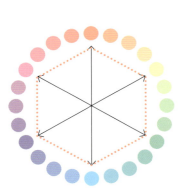

ごく淡いトーン（24色相環）を基調に、6色配色したポストカード。カラフルながら、やわらかい印象にまとめています。目立たせたい花やリボンの部分にはやや濃いトーンを使用して目線を惹きつけ、ぼけた印象にならないようデザインを引き締めています。

### 作例カラー

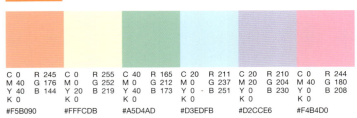

| C 0 | C 0 | C 40 | C 20 | C 20 | C 0 |
|---|---|---|---|---|---|
| M 40 | M 0 | M 0 | M 0 | M 20 | M 40 |
| Y 40 | Y 20 | Y 40 | Y 0 | Y 0 | Y 0 |
| K 0 | K 0 | K 0 | K 0 | K 0 | K 0 |
| R 245 | R 255 | R 165 | R 211 | R 210 | R 244 |
| G 176 | G 252 | G 212 | G 237 | G 204 | G 180 |
| B 144 | B 219 | B 173 | B 251 | B 230 | B 208 |
| #F5B090 | #FFFCDB | #A5D4AD | #D3EDFB | #D2CCE6 | #F4B4D0 |

## 配色サンプル

### ● 明るめのトーン

| C 0 M 0 Y 40 K 0 R 255 G 249 B 177 #FFF9B1 | C 0 M 20 Y 20 K 0 R 251 G 218 B 200 #FBDAC8 | C 40 M 0 Y 0 K 0 R 159 G 217 B 246 #9FD9F6 | C 20 M 20 Y 0 K 0 R 210 G 204 B 230 #D2CCE6 | C 0 M 40 Y 0 K 0 R 244 G 180 B 208 #F4B4D0 | C 20 M 0 Y 20 K 0 R 213 G 234 B 216 #D5EAD8 |
|---|---|---|---|---|---|
| C 52 M 70 Y 0 K 10 R 132 G 85 B 153 #845599 | C 20 M 0 Y 80 K 0 R 218 G 226 B 74 DAE24A | C 0 M 45 Y 60 K 0 R 244 G 164 B 102 #F4A466 | C 70 M 18 Y 0 K 10 R 48 G 154 B 208 #309AD0 | C 70 M 0 Y 52 K 10 R 49 G 170 B 138 #31AA8A | C 0 M 70 Y 18 K 10 R 221 G 103 B 136 #DD6788 |

### ● 暗めのトーン

### ● 鮮やかなトーン

| C 100 M 0 Y 50 K 0 R 0 G 158 B 150 #009E96 | C 0 M 100 Y 50 K 0 R 229 G 0 B 79 #E5004F | C 50 M 100 Y 0 K 0 R 146 G 7 B 131 #920783 | C 100 M 50 Y 0 K 0 R 0 G 104 B 183 #0068B7 | C 0 M 50 Y 100 K 0 R 243 G 152 B 0 #F39800 | C 50 M 0 Y 100 K 0 R 143 G 195 B 31 #8FC31F |
|---|---|---|---|---|---|

### ● くすんだトーン

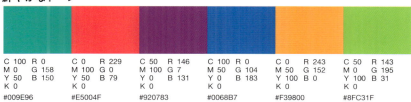

COLUMN

# 媒体による配色の違い

配色する際には、実際に使用される出力先の違いを意識する必要があります。印刷方法や素材によって見え方が変化する紙媒体と、モニターに出力するWeb媒体、それぞれの注意すべきポイントを解説します。

## 紙媒体ならではの表現

ひと口に「紙」といっても、光沢紙、マット紙、普通紙など、印刷する紙によって表面の光沢や質感は異なるため、色の見え方もそれぞれ変わってきます。また、紙の色が「白」であっても、紙の銘柄や材質によって白の色は異なります。紙の色が想定していた色と違っていたり、印刷時に使用するインキが一般的なCMYKではなかったり（5色以上の印刷など）、特色が追加されていた場合、デザイン上の配色も想定外の印象を与えてしまうことになります。こうした事態を避けるためには、印刷時に使用する紙やインキの情報を事前に把握しておくことが重要です。

紙色が白ではない場合、その色を1色としてデザインする手法もあります。インキ色との組み合わせで、紙媒体ならではの味を演出できます。

## Web媒体と色の関係

Web媒体はPCモニターやスマートフォンなどの画面で見ることが前提のメディアですが、色の見え方は機種や設定によって異なります。また、見る場所（室内または屋外など）によっても見え方は変わります。このようにWebデザインの色は閲覧する環境によって異なるため、デザイナーが意図した色をすべての人に正確に伝えることは困難です。なお、モニターや液晶画面はRGBで出力されますが、HTMLで色指定する際には16進数カラーコード（例：白が「#FFFFFF」など）を使用するのが一般的です。

Web媒体には、細やかな色の差異を見せるよりも、補色などのはっきりとした差を利用したデザインのほうが適しています。

PART
# 3

## ベースの
## 配色テクニック

( 24の技とデザインサンプル )

/ / / / /

デザイン全体のベースとなる配色テクニックを解説します。
PART2の配色パターンを下敷きにサンプルを使って学びます。

# 1色でデザインする

1色のデザインは、選択色と媒体色（紙媒体では主に白）の2色で表現します。はっきりとした色を選ぶと、媒体色との対比が強まり注目されやすくなります。色の濃淡やあしらいを駆使することでデザインの幅が広がります。

### はっきりした色味

同じ1色のデザインでも、はっきりした色味を使用するほうが目を惹きつけやすくなります。

### 濃淡でデザインに緩急を

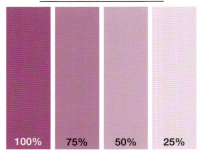

使用色の濃度を変えると、1色でもさまざまなバリエーションを生むことができます。

### あしらいを加える

濃度差や媒体色を利用して、あしらいを加えることでより魅力的なデザインになります。

### 濃淡の差ははっきりと

濃淡の差がわずかだと、可読性が下がり情報の伝わりにくいデザインになります。

- ☑ 1色デザインは、選択色と媒体色の2色でデザインする
- ☑ はっきりとした色味を使用するほどメリハリがついて注目を集めやすい

>>> Sample

- Who - 20〜40代男女
- What - 元気なスタッフを募集したい
× - Case - スタッフ募集ポスター

PART 3 ベースの配色テクニック

ベーシック 01 1色でデザインする

ブロック分けした上段に店舗のコーポレートカラーを敷いて、ぐっと目を惹きつけています。アクセントとして白く抜いた左上のマドによって、上段が重くなりすぎず、全体のバランスがまとまります。下段には淡い色でマークをあしらい、どこの店の広告なのかが瞬時にわかるようにデザインしています。

## 作例カラー

C 0　　R 182
M 100　G 0
Y 100　B 5
K 30
#B60005

食べ物を美味しく感じさせる暖色系は、飲食店のロゴなどにも多く用いられます。赤は、調理の際の火や肉なども連想させる色です。

「元気でパワフルな飲食店」のイメージから、暖色を採用。スミを加えて色をくすませることで「大人」の印象を強め、お酒を楽しむ層へのアプローチを強めています。

## 可読性を保つ濃度の調整

濃淡の差を利用したあしらいで、よりデザイン性を高めることができます。下段の店舗マークとフチの濃度を20％に設定し、上に載せた文字の可読性を保っています。

| 時　間 | 15:00〜23:00の間で1日4時間〜週2日以上（シフト制・要相談） |
| 時　給 | 1000円〜（昇給制度あり） |
| 仕事内容 | ホールやキッチンのスタッフ |
| 福利厚生 | 交通費支給、まかないもあります！ |

「時間」などの見出しはベタ塗りにヌキ文字にすると、文字情報とあしらいのメリハリが強調されます。

# 2色でデザインする

使用色を2色にすれば、同系色でまとめたり、補色で互いを引き立てあったりと、さまざまな配色パターンの組み合わせをつくることができます。媒体色を含めた3色のバランスを上手にとりながら、デザインをまとめましょう。

### 同系色でまとめる

同系色の組み合わせには落ち着きが感じられます。色のイメージが伝わりやすい配色です。

### 色相差をつける

色相差が大きい2色にはメリハリが生まれ、目立たせたい場合に効果的です。

### 媒体色を利用する

印刷物の場合、媒体色をうまく利用することでより面白みのあるデザインになります。

### ハレーションに注意

ハレーションを起こす組み合わせには注意。媒体色をあいだに挟むことで緩和させます。

- ☑ 2色ならではの多様な配色パターンの組み合わせが生まれる
- ☑ 色をまとめるか、差をつけるかでイメージをコントロールする

>>> Sample

| Who | What | | Case |
|---|---|---|---|
| 30〜40代女性 | 自然のなかでイベントを楽しんでもらいたい | × | マルシェイベントのチラシ |

PART 3 ベースの配色テクニック ベーシック 02 2色でデザインする

青と茶色の組み合わせで、ナチュラルにまとめたデザインです。爽やかな青空の下で楽しむイベントというイメージをメインカラーの青で伝え、黒ではなく茶色を使用した文字でほっこりしたハンドメイドのイベントを表現しています。

## 作例カラー

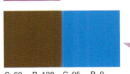

デザイン全体に敷いているのは不透明度(p.130参照)を50%にしたメインの青です。

| C 60 | R 128 | C 95 | R 0 |
| M 80 | G 76 | M 20 | G 143 |
| Y 100 | B 46 | Y 0 | B 215 |
| K 0 | | K 0 | |
| #804C2E | | #008FD7 | |

秋の爽やかな空をイメージさせる青と、温かみのある茶色と組み合わせた配色。それぞれの色を不透明度(p.130参照)を調整して使用することで、デザインが重くなりすぎないようにバランスをとっています。

## 全体の色で雰囲気を伝える

デザイン全体に色を敷くことで色面積が増え、パッと目を惹きつけるデザインになります。背景の色によってデザインの印象は大きく変わるため、伝えたいイメージに合った色を選びます。

▶▶▶ Another sample

ほっこりとした黄色と茶色の配色にすると、パンの美味しそうなイメージが伝わります。

# 3色でデザインする

前述の2色よりさらに組み合わせが広がる3色配色。一見フルカラーのようなデザインをつくり出すこともできます。あえて3色に抑えることでアーティスティックな印象を高めたり、遊び心を感じさせるデザインになります。

### 3色でカラフルに

3色の色相差をつけると、にぎやかなデザインになりカラフルな印象を与えます。

### 2色＋アクセント色

1色をアクセントカラーにして他の2色を引き立てることで、バランスがとりやすくなります。

### 色を掛け合わせる

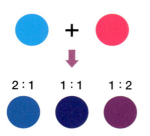

絵の具を混ぜる要領で色どうしを掛け合わせることで、色味を増やすことも可能です。

### 特色多色刷りの魅力

特色の多色刷り印刷では、CMYKカラーにはないデザインや風合いを生むことも。

- ☑ 3色で構成するとアート作品のようなデザインに
- ☑ 色の掛け合わせや、特色や紙の組み合わせで多様な表現のバリエーションが可能

>>> Sample

| Who | What | Case |
|---|---|---|
| 20〜30代男女 | 思わず手に取ってもらいたい | フリーペーパー表紙 |

PART 3 ベースの配色テクニック ベーシック 03 3色でデザインする

6月に合わせた爽やかな色味を使い、「読むだけでなく飾っておきたい」と思わせるような、アート風のデザインに。シンプルな黒のテキストと枠線で、全体をスタイリッシュに引き締めています。

## 作例カラー

| C 20 | R 217 | C 80 | R 0 | C 0 | R 35 |
| M 0 | G 227 | M 35 | G 134 | M 0 | G 24 |
| Y 70 | B 103 | Y 0 | B 201 | Y 0 | B 21 |
| K 0 | | K 0 | | K 100 | |
| #D9E367 | | #0086C9 | | #231815 | |

爽やかな黄緑色と青で季節感を意識した配色。黒をアクセントカラーとして取り入れることで、やわらかくなりがちな雰囲気を引き締めています。

## ベースカラーで遊ぶ

線や文字などのベースカラーを異なる色に変えるだけで、印象は大きく変わります。3色デザインの場合、あえて黒ではなく違う色にするという選択も。

### ▶▶▶ Another sample

黒をマゼンタに変えたデザイン。色の組み合わせによって、ポップな印象が強まります。

# モノトーンで引き立てる

黒(スミ)は、もっとも力強く目立つ色です。多用すると重く硬い印象になってしまいますが、上手に使うとデザインが引き締まります。モノトーンでまとめたデザインは、ビジュアルの色味を引き立てます。

### ポイントで使う

あしらいを黒でまとめることで、シンプルでミニマルな印象を与えられます。

### 全面に敷く

黒を全面に敷くと、高級さや重厚さを演出することができます。

### ビジュアルの色を引き立てる

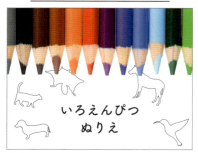

デザインをモノトーンでまとめることで、ビジュアルの色に自然と目線が導かれます。

### 濃淡で軽やかさを

黒の濃淡をつけてあしらうことで、全面が黒々しくなりすぎず、バランスが整います。

- ☑ 黒はいちばん力強く目立つ色
- ☑ ポイントを絞ったり、濃淡をつけることでメリハリを出す
- ☑ ビジュアルそのものの色を引き立てることができる

## >>> Sample

| Who | What | Case |
|---|---|---|
| 20〜30代女性 | 食器と料理をおしゃれに見せたい | ライフスタイル誌 |

PART **3** ベースの配色テクニック　ベーシック 04　モノトーンで引き立てる

食器と料理を引き立てるために、あしらいはすべて黒を使用しています。あまり黒地を増やしすぎるとビジュアル素材が黒に負けてしまうため、ポイントを絞ることが大切です。

### 作例カラー

黒はとても強い色のため、軽やかさを出すために濃淡をつけたり、白と組み合わせてストライプにするなど工夫を取り入れましょう。

C 0　R 35
M 0　G 24
Y 0　B 21
K 100
#231815

ここではK100%の黒を使用してベーシックなイメージを演出します。黒ベタのふきだしにすることで、見出しの存在感を強調します。黒にシアンやマゼンタを加えて色の印象を変えることもできます。

### スタイリッシュな印象を高める

黒は男性的なイメージを持つ色でもあります。そのため、女性的な内容でも黒のあしらいでまとめることで、中性的なイメージで読み手に訴えかけることができます。デザインに使用する書体と合わせ、効果的に黒を使いましょう。

#### ▶▶▶ Another sample

書体を変更して、女性的なイメージを強めることも。

# 鮮やかにまとめる

パッと目に飛び込んでくる勢いのある鮮やかな配色は、デザインを目立たせたいときに効果的です。あまり多くの色を使いすぎると注目してほしい部分が曖昧になるため、多くても6〜7色ほどに留めましょう。

### にぎやかさを演出する

にぎやかで楽しい印象にしたい場合は鮮やかな配色が有効です。

### インパクトを与える

鮮やかな色は、誘目性が高くなり、少ない色数でもデザインにインパクトを与えられます。

### ターゲットに合わせる

子どもは、赤や黄などの鮮やかな色を特に好みます。ターゲットに合わせて活用しましょう。

### ポイントに入れる

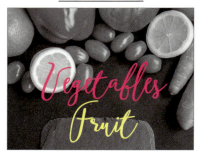

ビビッドな色は力強いため、ポイントに入れることで目立たせるという手法もあります。

- ☑ 明度の高い鮮やかな色で注目を集める
- ☑ 子ども向けのデザインなど元気なイメージを演出したいときに効果的
- ☑ 色数を使いすぎるとバラバラな印象になるため、まとまりをつくって配色する

>>> Sample

| Who | What | Case |
|---|---|---|
| 幼児、ファミリー | 子どもを連れてイベントに来てほしい | おもちゃフェア広告 |

PART 3 ベースの配色テクニック

楽しくにぎやかなイベントということがひと目で伝わる元気な配色。地に敷いた黄色がパッと目に飛び込んできます。文字にも数種の色を使っていますが、情報のグループごとに使い分けているためバラバラな印象になりません。

メリハリ 05 鮮やかにまとめる

## 作例カラー

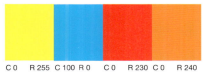

| C 0 M 0 Y 100 K 0 | R 255 G 241 B 0 | C 100 M 0 Y 0 K 0 | R 0 G 160 B 233 | C 0 M 100 Y 100 K 0 | R 230 G 0 B 18 | C 0 M 60 Y 100 K 0 | R 240 G 131 B 0 |
|---|---|---|---|---|---|---|---|
| #FFF100 | | #00A0E9 | | #E60012 | | #F08300 | |

| C 85 M 0 Y 100 K 0 | R 0 G 163 B 62 | C 0 M 100 Y 0 K 0 | R 228 G 0 B 127 |
|---|---|---|---|
| 00A33E | | #E4007F | |

にぎやかな印象を高めるため、多色を使って配色しています。1文字ずつの色味をそろえることで、文字に違和感を与えることなくカラフルな印象を与えています。

## 要素はまとめてメリハリを

多くのビビッドカラーをむやみに使ってしまうと目線の行き先が散漫になってしまいます。あしらいのフラッグに使う色、タイトルの1文字に使う色など、要素ごとに色や色相をまとめることで、メリハリがつきます。鮮やかな色はそれぞれの持つ力が強いため、まとまりを持たせることが大切です。

情報の意味を考えずに配色したため、注目ポイントがわかりづらくなっています。

# 落ち着きを持たせる

彩度や明度を落としたり、色相を混ぜてくすませた落ち着きのある配色は、年齢が上がるにつれ好まれるデザインです。使用する色のトーンをそろえることで、全体にまとまりが生まれます。

### 彩度や明度を落とす

彩度や明度を落とすと、徐々に黒に近くなっていきます。

### 色味を混ぜる

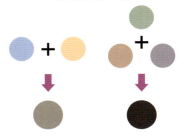

CMYKの色は混ぜれば混ぜるほど色がくすみ、落ち着いた色になっていきます。

### トーンをそろえる

使用するトーンにまとまりを持たせると、多くの色を使っても統一感が生まれます。

### メリハリを出す

ワンポイントでトーンの変化をつけたり、濃淡の差を加えてデザインにメリハリを出します。

- ☑ 明度や彩度を落とすことで、落ち着いたやわらかい印象に
- ☑ 年齢が上がるにつれ好まれる配色
- ☑ ベースのトーンはまとめ、一部に差をつけた色を加えてメリハリを

## >>> Sample

| Who | What | | Case |
|---|---|---|---|
| 20〜30代女性 | クラシカルな雰囲気を伝えたい | × | メガネショップ広告 |

ビジュアルのシックな印象を高める女性らしいピンクをメインに、補色に近い緑をサブに使用した配色です。ビジュアルの色味が強めの印象のため、ベースのデザインの色を淡くすることでバランスをとっています。

### 作例カラー

| C 5 | R 227 | C 0 | R 255 | C 45 | R 134 |
|---|---|---|---|---|---|
| M 50 | G 149 | M 2 | G 252 | M 0 | G 189 |
| Y 35 | B 139 | Y 5 | B 246 | Y 30 | B 174 |
| K 5 | | K 0 | | K 15 | |
| #E3958B | | #FFFCF6 | | #86BDAE | |

赤と赤の補色に近い緑を使い、どちらも少しずつくすませたやわらかい色にすることで落ち着きを持たせています。色を使いすぎないことも、落ち着きを出すポイントです。明るさを感じさせる白ではなく色を混ぜたアイボリーを地に敷くことで、レトロな印象を強めています。

### ビジュアルとのバランスをとる

ビジュアルのイメージを生かしつつ、全体が重くなり過ぎないようにデザイン要素は淡くやわらかな色を使用しています。春らしさを感じさせつつクラシカルな雰囲気も伝えたいため、それぞれの色をくすませて、デザインに落ち着きを持たせています。

### ▶▶▶ Another sample

ビジュアルの色が浅い場合は、ベースのデザインを濃くすることでメリハリをつけます。

# 色で分割する

色でスペースを分割することで対比の構図が生まれ、複数の要素を比較して見せることができます。色相やトーンに差のある色で分割すると互いの差がより明確になり、それぞれの色と対比効果によって印象を強めあいます。

### 色相差をつける

色相差をつけた色による分割は、差異がもっとも明確になります。

### トーン差をつける

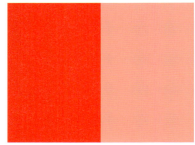

全体のまとまりを保ちつつ分割したい場合は、同系色のトーン差をつける方法もあります。

### 地模様を入れる

ストライプやドットなど、地模様を入れることで分割する手段もあります。

### 多分割も可能

2分割に限らず、複数の要素をくらべて見せることも可能。情報を整理する力もあります。

- ☑ 色で分割することで対比の構造が生まれる
- ☑ 要素どうしが比較され、色のイメージでそれぞれの印象が強調される

>>> Sample

| Who | What | | Case |
|---|---|---|---|
| 10〜30代女性 | 選べる香りの魅力を伝えたい | × | シャンプー広告 |

2種類の異なる香りのシャンプーが、自然と比較されるよう地色を2分割して構成しています。シャボン玉とキャッチコピーはそれぞれにまたがるよう配置し、互いのつながりを演出しています。

## 作例カラー

| C 0 | C 0 | C 89 |
|---|---|---|
| M 45 | M 55 | M 5 |
| Y 10 | Y 35 | Y 40 |
| K 0 | K 0 | K 45 |
| R 243 | R 240 | R 0 |
| G 168 | G 144 | G 110 |
| B 187 | B 138 | B 113 |
| #F3A8BB | #F0908A | #006E71 |

C 65　R 96
M 17　G 165
Y 65　B 114
K 0
#60A572

2種類のシャンプーの対照的な香りを連想させる、ピンクと緑の対比による配色。年齢層の違いを出すため、ピンクは淡い色を中心に、緑は上品で深い色を使用しています。

## 地色で領域を可視化する

デザインを分割すると、複数の伝えたいイメージを同時に表現できます。地に敷いた色によって罫線による区切りよりも領域が明確になり、差も強調されます。各ブロックがバラバラになりすぎないよう、またがる要素を配置することで全体をひとつのデザインとしてまとめます。

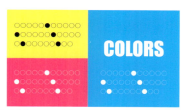

文字情報のみの内容でも、色の分割によってにぎやかなデザインをつくり出すことが可能です。

PART 3　ベースの配色テクニック　メリハリ 07　色で分割する

# アクセントカラーで強調する

メインカラーに対してはっきりと差をつけた色を選び、全体の調和を崩すことでアクセントカラーの効果が強まります。デザインのなかでも特に目立つ部分となるため、色が持つメッセージ性を強く訴えかける力を持ちます。

### 補色を選ぶ

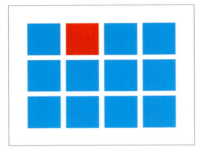

色相環の補色を参考にアクセントカラーを選ぶと、色相差をはっきりつけることができます。

### 無彩色と有彩色

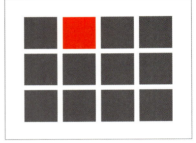

無彩色に対してのアクセントカラーである有彩色は、より鮮やかに目に留まります。

### 色のイメージから選ぶ

アクセントカラーはデザインに大きく関係するため、意図と合ったイメージの色を使用します。

### アクセントを増やしすぎない ✕

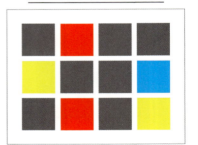

アクセントを増やしすぎると、かえって目立たなくなるためポイントを絞ることが大切です。

- ☑ 配色の調和をあえて乱すことで目立つポイントをつくる
- ☑ アクセントカラーの持つイメージでデザイン全体の印象は変化する

>>> Sample

| Who | What | Case |
|---|---|---|
| 20〜40代男性 | 飲んで元気を出してほしい | エナジードリンク広告 |

PART 3 ベースの配色テクニック

メリハリ 08 アクセントカラーで強調する

元気を呼び起こす全面の黄色と、「Re」部分にあしらわれた赤で目線を惹きつけます。商品名とアクセントカラーで、読み手に「これを飲んでもう少し頑張ろう！」と思わせるように仕掛けています。

## 作例カラー

| | | |
|---|---|---|
| C 5<br>M 0<br>Y 90<br>K 0 | R 250<br>G 238<br>B 0 | |
| #FAEE00 | | |
| C 5<br>M 100<br>Y 90<br>K 10 | R 209<br>G 3<br>B 31 | |
| #D1031F | | |
| C 0<br>M 0<br>Y 0<br>K 100 | R 35<br>G 24<br>B 21 | |
| #231815 | | |

黄色と赤に同じだけシアンを混ぜることで、色にまとまりを持たせています。純色にしないことで目に眩しすぎず、黒を使用した文字要素にもしっかりと目を向けてもらえるよう調整しています。

## 赤の力強さをポイントに

エナジー系飲料の色としてイメージのある黄色を全面に使い、読み手に味を連想させます。赤は元気を呼び出す興奮色でもあり、アクセントカラーとしての効果は抜群です。ポイントで使用することで、赤のポジティブな印象がより強調されます。

ビタミンCなどの栄養素を連想させる黄色は、エナジー系飲料の色としてのイメージが定着しています。

# 情報を分類する

伝えたい要素が多い場合、情報をグルーピングして内容を整理します。色で分類された情報は、言語を使わなくてもひと目でまとまりが伝わります。色相差が大きいほど、グループごとの区切りは明確になります。

### 色相差をつける

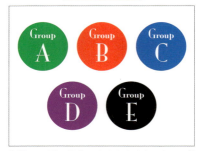

分類の一番の目的はわかりやすさのため、基本的には色相差のある配色が有効です。

### トーン差をつける

同一色相にまとめたい場合は、トーンによって分類することも可能です。

### 他要素とリンクさせる

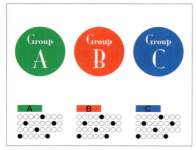

分類に対しての説明など、関係する要素どうしで同じ色を使うと、より伝わりやすくなります。

### 混乱させる分類 ✗

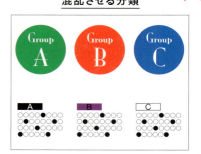

色分けが細かすぎたり、色の差がはっきりしない分類は、読み手の混乱を招きます。

- ☑ 色相差を使って視覚的に伝わりやすく分類する
- ☑ 使用するトーンをまとめることで統一感が生まれる
- ☑ 同一色相にまとめたい場合ははっきりとしたトーン差をつける

>>> Sample

| Who | What | Case |
|---|---|---|
| 20〜30代女性 | セットメニューを注文してほしい | レストランメニュー |

× 

PART 3 ベースの配色テクニック

まとめる 09 情報を分類する

メインディッシュには料理を美味しそうに見せるオレンジ色、サラダには野菜を連想させる緑、ドリンクには液体（≒水）をイメージした青、デザートには甘さと可愛らしさを持つピンクを用い、メニューカテゴリを分類しています。メインタイトルに黒を使うことで、軽くなりすぎず店の雰囲気を高めています。

## 作例カラー

| C 0 | C 60 | C 70 | C 0 |
|---|---|---|---|
| M 45 | M 0 | M 0 | M 70 |
| Y 100 | Y 100 | Y 21 | Y 0 |
| K 0 | K 0 | K 0 | K 0 |
| R 245 | R 111 | R 28 | R 235 |
| G 162 | G 186 | G 184 | G 110 |
| B 0 | B 44 | B 204 | B 165 |
| #F5A200 | #6FBA2C | #1CB8CC | #EB6EA5 |

不透明度（p.130参照）を下げた色を地に敷くことで、重たい印象にならないよう分類しています。それぞれの色相差ははっきりと、トーンは軽やかにまとめることでカジュアルな印象を強めています。

## トーンでイメージを高める

はっきりと差をつけることが情報の分類では重要ですが、純色を使うと野暮ったく感じられることも。イメージを高めるトーンから補色の組み合わせを使用することで、色相差がありつつもまとまりのある色を選ぶことができます。

純色に近い元気な色を使用すると、伝えたいレストランのイメージとはややかけ離れたデザインに。

# パターンをつくる

パターン（模様）にすることで、本来ならまとまりなく感じられてしまう色の組み合わせにも関連性を持たせられます。複数の色のイメージを取り混ぜて伝えることができるため、深みのあるデザインをつくることが可能です。

### 同系色のパターン

近いイメージを持つ同系色のパターンを使うと、互いのイメージを高めあうことができます。

### 補色のパターン

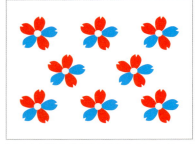

ともすれば違和感が生じる組み合わせでも、パターンにすると自然になじみます。

### 中性色を利用する

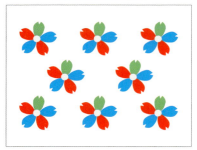

中性色を利用して、色のイメージを中和しつつ組み合わせることも可能です。

### 無彩色を利用する

無彩色とのパターンにすることで、メインカラーの色のイメージをより引き立たせます。

- ☑ 色を使ったパターンをつくることで違和感なく複数の色を関連づける
- ☑ それぞれの色が持つイメージを組み合わせて読み手に伝えることが可能

>>> Sample

| Who | What | Case |
|---|---|---|
| 20代女性 | 初売りで福袋を買ってほしい | 初売り広告 |

PART 3 ベースの配色テクニック

ピンクと黄色を組み合わせたパターンをつくることで、元気でめでたいお正月を表現しています。2つの色のイメージから、やわらかで可愛らしい印象に加えてにぎやかさも感じられるデザインに仕上げています。

## 作例カラー

| C 10 | R 215 | C 0 | R 251 |
| M 100 | G 0 | M 25 | G 203 |
| Y 30 | B 102 | Y 60 | B 114 |
| K 0 | | K 0 | |
| #D70066 | | #FBCB72 | |

日本の伝統色をイメージさせるくすませたピンクに合わせ、黄色にもマゼンタを加えてやわらかさを表現。全面に敷くには重すぎるため、パターンデザインには不透明度(p.130参照)を70%に下げて使用しています。

## イベントを連想させる色

イベントや行事には、イメージカラーが存在します。そればかりを使用すると紋切り型になってしまいますが、配色の手がかりにすることもできます。ここでは、赤や白、金といったお正月のイメージカラーを、ターゲット向けにアレンジしてパターンに使用しています。

まとめる 10 パターンをつくる

# 情熱的なデザイン

暑さ・熱さ・勢い・力強さなどを視覚的に伝えたい場合は、赤を中心とする暖色でまとめた配色が効果的です。赤はとても視認性が高い一方で、全面に敷くと強すぎる印象にもなるため、明度や彩度の調整がカギとなります。

赤＋白

「紅白」というように、お互いを対比して目立たせあうことができる組み合わせです。

赤＋黒

赤の鮮やかさが引き立ちます。落ち着きを持たせつつ情熱を感じさせることができます。

赤＋黄

黄色のはつらつとした元気な印象が加わり、よりアグレッシブな印象を与える組み合わせ。

強すぎる赤

純色の赤はかなり強く全面に敷くと見づらさを感じる場合もあるため、注意が必要です。

- ☑ 赤などの暖色は、情熱や力強さの表現に効果的
- ☑ 強い色のため、見づらくならないトーンの選択や適切な色面積を心がける

## >>> Sample

- **Who**: 10～30代男性
- **What**: ホームゲームを観戦しに来てほしい
- × **Case**: スポーツチームポスター

チームカラーである赤をメインに、試合の迫力を感じさせる勢いのあるデザインに。赤と黒の配色でふつふつと湧き上がる闘志を表現し、コントラストを強調した白ヌキ文字のキャッチコピーがパッと目立つように仕掛けています。

### 作例カラー

| C 20 | R 174 | C 0 | R 35 |
|---|---|---|---|
| M 100 | G 14 | M 0 | G 24 |
| Y 100 | B 22 | Y 0 | B 21 |
| K 20 | | K 100 | |
| #AE0E16 | | #231815 | |

明度と彩度を落とした赤をメインに使用し、黒と組み合わせることで静かな情熱を表現しています。背景のスタジアムのビジュアルにも赤みを強めた加工を施し、全体が赤のまとまりに見えるようなデザインに。眩しすぎない赤を使用しているため、目を疲れさせずに印象を高めることができます。

### やる気をかき立てる興奮色

やる気をかき立て興奮させる効果を持つ赤は、スポーツチームのユニフォームなどにもよく用いられます。また、炎を連想させることから、暑さ・熱さの表現にも多用されます。目を惹きつける力が強いため、大きく使いたい場合は明度を上げて軽さを出したり、彩度を落として落ち着きを持たせる工夫が必要です。色面積が狭い部分や目立たせたいワンポイントには、鮮やかな赤を選びましょう。

| | ベースの赤 | | ポイントの赤 | |
|---|---|---|---|---|
| C 0 | R 246 | C 0 | R 230 |
| M 35 | G 189 | M 100 | G 0 |
| Y 15 | B 192 | Y 100 | B 18 |
| K 0 | | K 0 | |
| #F6BDC0 | | #E60012 | |

PART 3 ベースの配色テクニック

まとめる 11 情熱的なデザイン

# 知的なデザイン

青を中心とする寒色でまとめた配色は、知的で誠実な印象や、清涼感・精密さを感じさせます。青はやや明度が低く感じられ、他の色と差がつきにくいという特徴があるため、組み合わせる際は明度差や彩度差を意識しましょう。

**全面に青**

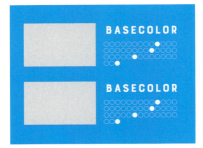

青は後退色のため、全面に敷いても重たくなり過ぎず、扱いやすい色です。

**青＋白**

青と白はどちらも清潔・真実といったイメージを持ち、デザインに軽やかな印象を与えます。

**青＋黒**

黒と組み合わせると重みが増します。ポイントとして入れることで高級感を高められます。

**誘目性はやや弱い**

赤にくらべると誘目性は弱いため、目立たせたい場合ははっきりと差をつける工夫を。

- ☑ 青を中心とする寒色を使うことで、信頼のおけるイメージに
- ☑ 組み合わせる色との差を意識することで、青の効果を高める

>>> Sample

- Who: 20代男女
- What: 採用に応募してもらいたい
- × Case: 企業採用サイト

PART 3 ベースの配色テクニック

まとめる 12 知的なデザイン

誠実さと最先端の事業イメージを全面に押し出した企業の採用ページデザインです。かっちりした構成ですが、新卒の学生に向けてかたくなりすぎないよう、爽やかなミントグリーンを効果的に使用しています。

## 作例カラー

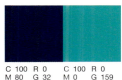

C 100  R 0
M 80   G 32
Y 0    B 99
K 50
#002063

C 100  R 0
M 0    G 159
Y 40   B 168
K 0
#009FA8

深い青とミントグリーンの、同系色のなかでもメリハリをつけた配色です。同系色を複数使うことでデザイン内の重さと軽さを調整し、かたくなりすぎないようにバランスをとっています。

## 構成と色の相乗効果

直線のラインが見えるような、奇をてらわないシンプルなデザインにすることで、かっちりとした印象が伝わります。2種類の青の使い方と相まって、整列されて構成されたデザインは安心と信頼感を高めます。

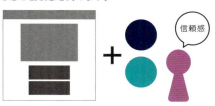

信頼感

# にぎやかさを出す

たくさんの色を使ってにぎやかにデザインする場合は、使用色のトーンをそろえることがポイントです。ルールを設定して配色することで、にぎやかなデザインのなかにもまとまりとメリハリが生まれます。

### トーンをそろえる

色のトーンをそろえれば、たくさんの色があってもまとまりを感じさせることができます。

### ルールや法則をつくる

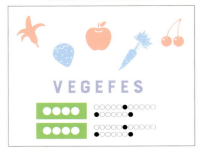

「見出しの色はそろえる」「異なる色を交互に使う」など、ルールをつくることで統一感が出ます。

### 配分を決める

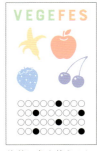

均等に色を使うのか、1色をメインにするのかという配分によっても印象は変わります。

### まとまりのない配色 ✕

トーンがバラバラになりすぎたり、配色にルールがないとまとまりが感じられません。

- ☑ トーンをそろえることでにぎやかなデザインにもまとまりを持たせる
- ☑ 使用する部分など、デザインのルールを設定して配色する

>>> Sample

| Who | What | | Case |
|---|---|---|---|
| 30〜40代女性 | イベントに足を運んでほしい | × | ご当地フェアポスター |

PART 3 ベースの配色テクニック　演出する　13　にぎやかさを出す

ふるさとの優しいイメージを伝えるような、やわらかな色彩をふんだんに使ったデザイン。色相が多くにぎやかですが、それぞれの色のトーンを統一しつつメインカラーの緑を地に敷いてデザインを引き締めることで、ばらつきを感じさせません。

## 作例カラー

| C 60 M 25 Y 0 K 0 | R 105 G 163 B 216 | C 0 M 70 Y 15 K 0 | R 235 G 109 B 148 | C 60 M 0 Y 70 K 0 | R 107 G 188 B 110 | C 0 M 45 Y 80 K 0 | R 245 G 163 B 59 |
|---|---|---|---|---|---|---|---|
| #69A3D8 | | #EB6D94 | | #6BBC6E | | #F5A33B | |

| C 0 M 0 Y 100 K 0 | R 255 G 241 B 0 | C 30 M 0 Y 35 K 0 | R 191 G 223 B 184 |
|---|---|---|---|
| #FFF100 | | #BFDFB8 | |

新緑と山形の「山」を連想させる緑をメインにした配色。ポイントにした黄色は鮮やかなものを使用することで、アイキャッチとして機能しています。

## 季節に合わせた配色

季節感のある内容の場合、その季節をイメージさせる色をデザインに取り入れることで、メッセージが伝わりやすくなります。ここでは6月スタートの開催時期に合わせ、爽やかな緑をメインカラーに採用しています。

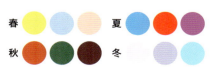

それぞれの気候や特徴などから、季節を表現する色を探ってみるのもよいでしょう。

## 14 演出する
# 白で空間を魅せる

余白はデザインの大事な要素。紙媒体ではおもに白となるこの余白を、メインの「色」としてデザインしてみましょう。「存在しない」部分が全体の存在感を強めるこの手法では、ポイントで使う色も重要な役割を担います。

### 余白＋モノトーン

余白は白であることが多いため、反対色の黒を使うことでスタイリッシュにまとまります。

### 余白＋1色

使用する部分は少なくても、余白によって引き立てられた色の印象はしっかり伝わります。

### 余白＋カラフル

使用色を増やしても、たっぷり取った余白によって洗練されたイメージが生まれます。

### すっきりとしたあしらい

あしらいや文字などもすっきりとしたものでまとめることで、より余白の効果が強まります。

- ☑ 余白（主に白）をメインとしてデザインすることで、存在感を高める
- ☑ ポイントで使う色によって全体を引き締めつつ、イメージを伝える

>>> Sample

| Who | What | | Case |
|---|---|---|---|
| 30〜40代女性 | 高級感のある料理をつくってもらいたい | × | 料理雑誌 |

PART 3 ベースの配色テクニック

大人の女性をターゲットに、甘すぎない高級感を重視したデザイン。余白と黒のさりげないあしらいが、ビジュアルの色味を引き立てます。単調になりすぎないようビジュアルの大小でメリハリを効かせ、余白に動きをつくっています。

演出する 14 白で空間を魅せる

## 作例カラー

C 0　R 35
M 0　G 24
Y 0　B 21
K 100
#231815

C 50　R 79
M 70　G 45
Y 80　B 26
K 60
#4F2D1A

K100%の黒をメインに使用して、シンプルな高級感を高めます。レシピ名の部分にのみ茶色を入れることで、アクセントをつけています。ほんのわずかなポイントですが、この茶色によって、デザインに温かみが加わります。

## 黒を効かせて引き締める

抜け感が生まれる開放的な余白を生かしたデザインは、使用する色やあしらいの位置・形など、わずかな差で印象が大きく変わります。ここでは、メンズライクなすっきりとした印象を与えるため、細い黒の罫線を施すことでデザイン全体を引き締めています。

▶▶▶ Another sample

茶色を使ったあしらいによりやわらかさが増し、デザインはナチュラルな印象になります。

# 光を感じさせる

演出する

印刷物自体を発光させることは、特殊な加工を施さない限り難しいもの。しかし、色の組み合わせによって、まるで光っているような印象を与えることが可能です。いろいろな種類の光を、色によって表現してみましょう。

### 自然な光

黄系の色は、自然光のようなナチュラルな印象を与えることができます。

### 人工的な光

青系の色を使うとテクノロジーを感じさせる人工的な光を表現することができます。

### グラデーションを利用する

グラデーションで反射や強弱を表現すると、発光しているような印象を高められます。

### 背景とのコントラスト

黒や深い青などの色の背景に彩度の高い色を組み合わせると、鮮やかな光を演出できます。

- ☑ 色の組み合わせで、光っているようなデザインをつくることができる
- ☑ 色の加減で、さまざまな種類の光を表現できる

>>> Sample

| Who | What | Case |
|---|---|---|
| 10〜20代男女 | 夜の非日常を感じさせたい | 音楽フェスポスター |

PART 3 ベースの配色テクニック

暗いトーンの背景とのコントラストにより浮かび上がる、ネオン管のようなタイトルが印象的なデザイン。明度と彩度がいちばん高い白のフチ文字に、それぞれの光の色を組み合わせることで、文字が発光しているかのように見せています。

演出する 15 光を感じさせる

## 作例カラー

| C 100 | R 0 | C 0 | R 255 | C 0 | R 228 |
| M 0 | G 160 | M 0 | G 241 | M 100 | G 0 |
| Y 0 | B 233 | Y 100 | B 0 | Y 0 | B 127 |
| K 0 | | K 0 | | K 0 | |
| #00A0E9 | | #FFF100 | | #E4007F | |

色の3原色(p.017参照)に近い明るい色と背景とのコントラストにより、ネオンの光を表現しています。色相を増やすことで、華やかな印象が強まります。

## ネオン感を高めるフチ文字の効果

Illustratorの[アピアランス]パネルの[スタイライズ]→[光彩(外側)]によって、オブジェクトが発光しているかのような効果を与えることができます。光彩で使用する色を変えることで、印象も変わります。

## 演 出 す る

# 影で印象づける

どの色とも相性がよく、シャープな印象を与える黒は、影を演出する際にも有効に使える色です。影を生むことによってデザインに深みが加わり、高級感や濃密さ、フォーマルな印象をつくり出すことができます。

**全体を暗くする**

デザイン全体の明度を落とし、静謐な雰囲気を演出します。

**色数を絞る**

使用する色数は最低限に絞ってまとめると、フォーマル感が高まります。

**シルエットを使う**

シルエット（影）を使ったデザインも、ひと味違ったインパクトを与えることができます。

**ポイントは最小限に**

注目させるポイントは最小限の色面積にすることで、影の存在が引き立ちます。

- ☑ デザインに影を取り入れることによって、特別感を高める
- ☑ 色数やポイントを最小限に絞ることで、影の印象を深める

>>> Sample

| Who | What | | Case |
|---|---|---|---|
| 10〜30代男女 | 映画の世界観で興味を惹きたい | × | 映画ポスター |

空気の濃密さを感じさせる、映画の世界観を表現したポスターデザイン。全体的に暗く影を落としたビジュアルに浮かび上がるタイトルロゴに、ポイントで深い赤を入れることで意味深な印象に仕上げています。

PART 3 ベースの配色テクニック

演出する 16 影で印象づける

## 作例カラー

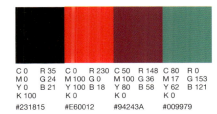

| C 0  | R 35  | C 0   | R 230 | C 50  | R 148 | C 80  | R 0   |
|------|-------|-------|-------|-------|-------|-------|-------|
| M 0  | G 24  | M 100 | G 0   | M 100 | G 36  | M 17  | G 153 |
| Y 0  | B 21  | Y 100 | B 18  | Y 80  | B 58  | Y 62  | B 121 |
| K 100|       | K 0   |       | K 0   |       | K 0   |       |
| #231815 | | #E60012 | | #94243A | | #009979 | |

赤と緑、どちらの色にもややくすみを加えた配色。ビジュアルの人物にかかる青白い光と相まって、妖艶な雰囲気を醸し出しています。わずかな部分にのみ純色の赤を入れることで、惹きつけるデザインに。

### 光と影と奥行きによる深み

影は、光によって生まれるもの。デザイン全体を暗くしただけではまだ影ではなく、目立つ光の部分があってはじめて影が際立ちます。また、ポイントで使う色に透明感を加えるなどの工夫を加えることにより、デザインに奥行きを生み出すことができます。

緑の帯の不透明度(p.130参照)を下げることで、透明感を演出しています。

# 暖かさ・冷たさを感じさせる

「暖色」「寒色」という言葉のとおり、色には温度を感じさせる効果があります。色が与える温度感を適切に利用することで、読み手にリアルなイメージを抱かせるデザインをつくり出すことが可能です。

### 暖かさを感じる色

赤やオレンジなどの暖色系の色は、暖かさや暑さを感じさせます。

### 寒さを感じる色

青などの寒色系は寒さ・冷たさを感じさせる色です。

### 温度感を持たない色

中性色と呼ばれる緑や紫は、それ自体だけでは温度を感じさせない色です。

### 赤みと青みで調整

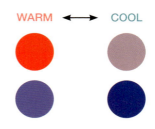

例えば、シアンを加えて青みを帯びさせることで、冷たいイメージの赤に調整できます。

- ☑ 赤系の色は暖かく、青系の色は寒さを感じさせる
- ☑ 色の赤みや青みを調整することで温度感を調整できる

>>> Sample

| Who | What | Case |
|---|---|---|
| 10〜20代男女 | 温冷2種類のうどんを紹介したい | うどん新商品ポスター |

PART  3 ベースの配色テクニック

感じる 17

暖かさ・冷たさを感じさせる

背景を2色で分割し、温かいうどんと冷たいうどんに見えるよう仕掛けたデザインです。商品名の書体、ウェイトや色味でそれぞれの温度を強調し、点対称の構図を用いて互いの異なる印象を強めあっています。

### 作例カラー

| C 45 | R 147 | C 20 | R 201 |
| M 8 | G 201 | M 93 | G 49 |
| Y 5 | B 230 | Y 100 | B 28 |
| K 0 | | K 0 | |
| #93C9E6 | | #C9311C | |

瑞々しさを感じさせる爽やかな青と、温かい出汁を連想させるような深い赤の配色。印象を深めるテクスチャを加えることで、より印象が強まります。

### 光彩色で温冷を強調

文字色と光彩効果で、さらに温冷の印象を強めることが可能です。すっきりとした明朝体の白ヌキ文字には寒色の光彩をつけ、透明感と冷たさのある文字に。対して、ゴシック体の赤文字には、白の光彩を加えて湯気を演出し、ほかほかとした温かみを感じさせています。

→

# 触り心地や重みを与える

色は触覚にも影響を与えます。「軽くやわらかな雰囲気を出したいときは明度の高い色、重く硬い印象を与えたいときは明度の低い色」という基本の考え方とシェイプや濃度の組み合わせで、独自の質感を表現してみましょう。

### 色の重さ

白と黒では、白のほうが軽く感じられます。引越しのダンボールなどに活用されています。

### 色面積

同じ色でくらべると、色面積が広いほど重さを感じさせます。

### 濃度で調整

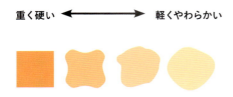

色の濃度を薄くしていくほど、やわらかい印象になります。

### ONE POINT
### シェイプで表現

角ばったものより、丸くふわふわとした形のほうがやわらかさや軽さを感じさせます。

- ☑ 明度が高い色は軽くやわらかく、低い色は重く硬く感じる
- ☑ 色を使う面積やシェイプ、濃度を調整して重さや質感を表現する

>>> Sample

- Who — 20〜30代女性
- What — ふわふわした可愛らしさを表現したい
× 
- Case — 動物写真展ポスター

PART 3 ベースの配色テクニック

感じる 18 触り心地や重みを与える

やわらかなうさぎの毛並みをイメージさせるような、優しいパステルカラーでまとめたデザインです。透明感を感じさせつつ暖色寄りの色を使ったあしらいで、うさぎのふわふわとしたぬくもりを表現しています。

## 作例カラー

| C 0 M 25 Y 20 K 3 | R 245 G 205 B 192 | C 30 M 20 Y 0 K 0 | R 187 G 196 B 228 | C 0 M 15 Y 50 K 0 | R 254 G 223 B 143 | C 0 M 20 Y 7 K 0 | R 250 G 219 B 223 |
|---|---|---|---|---|---|---|---|
| #F5CDC0 | | #BBC4E4 | | #FEDF8F | | #FADBDF | |

| C 0 M 25 Y 40 K 13 | R 229 G 189 B 145 | C 50 M 0 Y 100 K 0 | R 143 G 195 B 31 |
|---|---|---|---|
| #E5BD91 | | #8FC31F | |

ふんわりとしたパステルカラーでまとめた配色。イベントの楽しさを表現するために多色を使用していますが、トーンを統一しているため違和感なくまとまっています。

### K100%を使わずやわらかさを強調

K100%の黒は、多くの文字デザインに使われる視認性も抜群の色ですが、その強さにより硬さを感じさせてしまう場合も。黒を使わないことで、デザイン全体の軽やかでやわらかな印象を高めることができます。ただし、可読性が下がりすぎないよう、他要素との色相差や明度差の調整が必要となります。

Before　　　After

# 味覚を刺激する

かき氷のシロップは香りと色が違うだけで、実は味自体はすべて同じ。しかし、人は赤がいちご味、緑はメロン味、黄はレモン味だと認識します。このように、味と結びついた色には、見るだけで味を想起させる力があります。

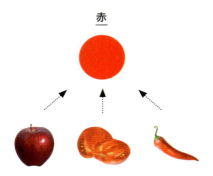

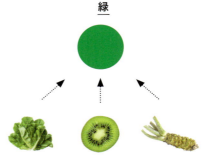

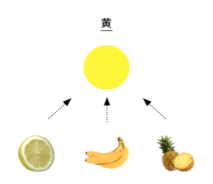

- ☑ 色には味を想起させる力がある
- ☑ 色の印象が強い食べ物の味ほど連想されやすい

>>> Sample

| Who | What | Case |
|---|---|---|
| 10～20代男女 | 飲んでみたい、と思わせたい | スムージーショップ広告 |

グリーンスムージーとオレンジスムージーはビタミン系の酸っぱさを、レッドスムージーとパープルスムージーはベリー系の甘さを連想させます。交互に配置することで、読み手が感じる味覚にも変化をつけています。

## 作例カラー

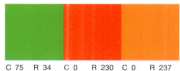

| C 75 | R 34 | C 0 | R 230 | C 0 | R 237 |
|---|---|---|---|---|---|
| M 0 | G 172 | M 100 | G 0 | M 70 | G 108 |
| Y 100 | B 56 | Y 100 | B 18 | Y 100 | B 0 |
| K 0 | | K 0 | | K 0 | |
| #22AC38 | | #E60012 | | #ED6C00 | |

C 40  R 165
M 100 G 0
Y 0   B 130
K 0
#A50082

元気が出るビタミンカラーによって、新鮮でおいしいスムージーを連想させる配色。4種類の味に合わせてデザインも4色でまとめることで、カラフルでもまとまりよく見せています。

## 味を決定づけるプラス要素を

色は、ある程度の味を想像させることはできても、それだけでは特定の味への絶対的な指標とはなりません。明確な味を表現したい場合は、特定の味を限定する要素と組み合わせることが必要となります。ここでは、背景に入れたビジュアルと材料のアイコンを用いて、スムージーが何味なのかを伝わりやすくしています。

赤だけでは、イチゴかトマトかスイカか、といった決定的な判断はむずかしく、イチゴのシルエットも、黒い色では瞬間的に味を想起させません。直感的に味を伝えるには、色と形の組み合わせが重要です。

# 嗅覚を呼び起こす

感じる 20

味覚だけでなく、色には香りや匂いを連想させる力もあります。フルーツやスパイスなど香りの印象が強いものほど、それ自体が持つ色を利用することで、読み手に香りを感じさせることができます。

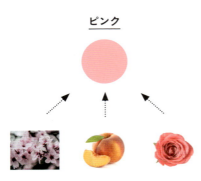

連想される香りの一例：
フローラル・ピーチ・ローズなど

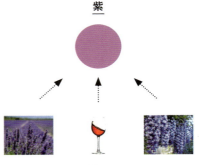

連想される香りの一例：
ラベンダー・ワイン・藤の花など

連想される香りの一例：
森林・ミント・メントール・緑茶など

クリアなほど爽やかな香りを連想させ、濁らせるほど良い匂いでない印象を与えます。

- ☑ 色を用いて、特定の香りや匂いを連想させることができる
- ☑ 色を濁らせるほど、「匂い」から「臭い」へイメージが変わるため注意が必要

>>> Sample

| Who | What | Case |
|---|---|---|
| 20～40代男女 | それぞれの香りを伝えたい | 芳香剤の広告 |

4種類の香りのイメージカラーで分割した地によって、瞬間的にラインナップが伝わります。鮮やかな黄色を先頭にすることで注目を集め、補色になるように（黄に対しての青、緑に対しての赤）配置することで、カラフルな印象を与えてバリエーションの豊富さをアピールします。男女問わず好まれるであろう香りから並べることで、多くの人の目を惹く広告になります。

## 作例カラー

| C 5　R 248 | C 35　R 175 | C 35　R 178 | C 5　R 239 |
| M 5　G 235 | M 5　G 215 | M 5　G 212 | M 30　G 197 |
| Y 60　B 125 | Y 5　B 236 | Y 35　B 180 | Y 5　B 213 |
| K 0 | K 0 | K 0 | K 0 |
| #F8EB7D | #AFD7EC | #B2D4B4 | #EFC5D5 |

優しいパステルカラーを使用。わずかにグラデーションを入れることで、香りが下から上へ立ちのぼるような印象を与えます。いずれも色を強くしすぎないことで、上品な香りを表現しています。

## 濃淡による香りの強さ

同じ色相でも、濃淡によって香りの強さを表現できます。良い香りでも、きつすぎると違和感を与えてしまうように、一般的に香りを演出する場合には淡い色合いが好まれます。あえて強烈で濃厚な香りを感じさせたい場合や、好ましくない臭いの表現においては、強めの色や濁った色を使用する方法もあります。

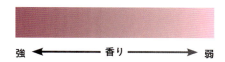

強 ←――― 香り ―――→ 弱

## リズムを生み出す

色相やトーン、色面積の大小に差をつけることで、デザインにリズムが生まれます。躍動感を感じさせることで注目を集め、飽きさせずに読み手の目線を誘導することが可能です。

### カラフルな配色

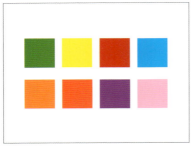

単調なレイアウトでも、カラフルな配色にすることでデザインに動きが生まれます。

### トーン差をつける

明度や彩度に差をつけた色を差し挟むことで変化を感じさせます。

### 色面積の差をつける

色面積によるリズム感。軽い色を大きく、重い色を小さくするとバランスがとれます。

### ONE POINT
### シェイプの変化

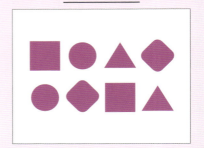

1色の繰り返しで生まれるリズム感は、シェイプに変化をつけるとより強調されます。

- ☑ 色の組み合わせと配置でデザインにリズムを持たせる
- ☑ デザインのリズムに合わせて読み手の目線を自然に誘導する

>>> Sample

| Who | What | | Case |
|---|---|---|---|
| 10〜20代男女 | 様々なジャンルの音楽を感じさせたい | × | ストリーミングサービスLP |

レコードやCD、音波を連想させる円をグラデーションで配色し、大小をつけた配置によってリズミカルな印象に。鮮やかな色を大きく、落ち着いた色を小さく使用して、カラフルな配色にバランスを持たせています。

## 作例カラー

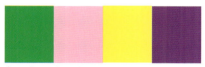

| C 86 | R 0 | C 0 | R 245 | C 0 | R 255 | C 50 | R 146 |
|---|---|---|---|---|---|---|---|
| M 0 | G 162 | M 38 | G 184 | M 0 | G 242 | M 90 | G 48 |
| Y 100 | B 63 | Y 0 | B 211 | Y 90 | B 0 | Y 0 | B 141 |
| K 0 | | K 0 | | K 0 | | K 0 | |
| #00A23F | | #F5B8D3 | | #FFF200 | | #92308D | |

| C 0 | R 233 | C 0 | R 149 |
|---|---|---|---|
| M 85 | G 71 | M 68 | G 67 |
| Y 75 | B 56 | Y 100 | B 0 |
| K 0 | | K 50 | |
| #E94738 | | #954300 | |

カラフルな多色のグラデーションでさまざまな音楽を表現。グラデーション内の色のトーンをそろえることで、色相差が大きくても違和感を感じさせずにつなげています。

## 構図によってリズムを強調

鮮やかな配色の大きな円をデザインの上部に、落ち着いた配色の小さな円を下部に配置することで、逆三角形の構図をつくっています。重さを感じる色を下に置いているため、基本的には安定感を感じさせるデザインですが（p.128参照）、色面積のメリハリを大きくしてバランスをあえて崩すことで不安定さを演出し、リズム感を強めています。

PART 3 ベースの配色テクニック

感じる 21 リズムを生み出す

# 対比現象を利用する

上級編

同じ色でも、その色が置かれている条件によって別の色に錯覚することがあります。他の色(周囲の色や直前に見ていた色など)の影響を受け、本来の色とは異なる見え方をする現象を「色の対比現象」といいます。

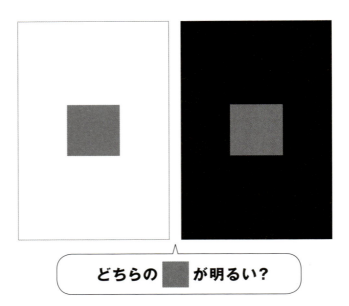

正解は、どちらも同じ明るさ。しかし、多くの人が右の■が明るく見えると答えるはずです。

「明度対比」と呼ばれるこの現象は、ある色が周りの色の影響を受けて、明るく見えたり暗く見えたりすることをいいます。明度の高い背景(白)に置かれた色(ここでは■)は暗く見え、反対に明度の低い背景(黒)においては明るく見えます。このように明るさの異なる複数の色(■と背景色)を組み合わせると、隣接する色の影響を受けて色の明度が変化し、人の目は本来と違う色に錯覚します。

電球は、明るいところよりも暗いところのほうがよりまぶしく見えます。これも明度対比の一種です。

## 彩度対比

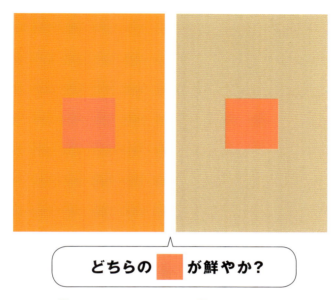

どちらの ■ が鮮やか？

この例でも、2つの■はどちらも同じ色ですが、右の■のほうが鮮やかに見える人が多いはずです。鮮やかな背景に置いた■はくすんで見え、落ち着いた背景の■は鮮やかな色に見えます。隣接する色との彩度差によって色の彩度が変化するこの現象は、「彩度対比」と呼ばれます。

色の対比現象は、日常生活においても知らず知らず遭遇している現象です。店内にディスプレイされていたときはとても良い色に見えたソファを部屋に置いたところ、なにか違って見えたというケースも、対比現象によるものかもしれません。この場合、ディスプレイされていた空間と部屋の色味（床や壁、カーペットや他の家具など）が異なるため、ソファの色が違うように錯覚してしまうのです。なにか違和感がある場合は、周囲の色との組み合わせを変更してみるのもよいでしょう。

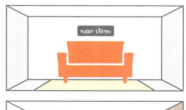

PART 3 ベースの配色テクニック

上級編 22 対比現象を利用する

# 色相対比

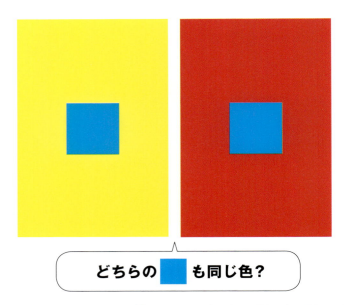

どちらの ■ も同じ色？

この場合も数値上では同じ色である■ですが、周囲の色によって異なる色に見えています。左の■は、黄の背景に引っ張られて黄みがかった青に、右の■は赤に引っ張られて赤みがかった青になっています。隣接する色どうしが影響し合って、色相が少しずれて見えるこの現象を、「色相対比」といいます。

デザインにおいては、こうした目の錯覚が起こることを想定して細部を整える工程が必要です。例えば、ひとつのビジュアルの背景を色で分割する場合、対比現象によってそれぞれの色味が異なって見える場合があります。その際は、ビジュアルの色を調整して見た目の色を同じにすることで、読み手に違和感を与えないように調整します。

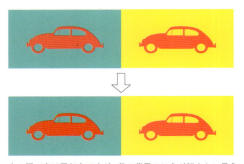

上の図の車は同じ赤ですが、黄の背景のほうが鮮やかに見えます。そのため、下の図では緑の背景の車の色を調整し、同じような赤に見えるように調整しています。

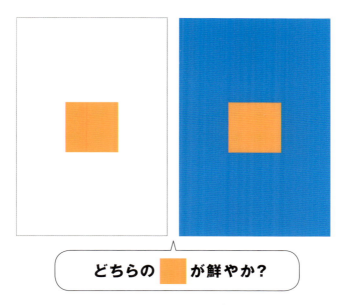

この例でもこれまでと同様に、同じ色の■にもかかわらず、右の■のほうがより鮮やかに見えます。右の背景色から見て、■は補色にあたります。この、隣接する色が補色関係である場合に、単色で見たときよりも鮮やかに見える現象を「補色対比」といいます。

## 同時対比と継時対比

ここまで見てきたように、2色以上の色を同時に見た場合に互いの色が影響を及ぼしあうことで、単色のときとは異なる色に見える現象を「同時対比」といいます。
対して、ある色をしばらく見続けたあとに目線を他のものに移すと、先に見ていた色の影響を受けて、次に見た色が本来の色と少し違った色に見える現象を「継時対比」といいます。対象物をしばらく見つめたあと、何もないところに目を移すと色が見えるという残像現象は、継時対比の一種です。

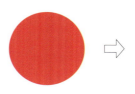

赤の円を一定時間見つめたのち、何もない部分を見てみると、形や色が残って見えます。

## 縁辺対比

「縁辺(えんぺん)対比」は、隣接する色の縁部分で起こる対比現象のことです。上のように明度順に並べたグレーでは、それぞれボックスごとの数値は均一にもかかわらず、左の縁(明るい色に接している部分)が暗く見え、右の縁(暗い色に接している部分)が明るく見えます。隣のボックスとの明度差が強調されて、境界部分に対比現象が起こっているためです。

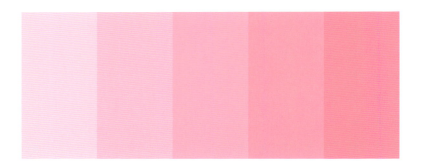

明度対比を発展させた「縁辺対比」は、グレーの場合だけでなく有彩色の場合にも起こる現象です。いくつかのボックスを並べることで、より顕著に現れます。

### マッハバンド効果

グラデーションが切り替わる部分に本来ないはずのラインが見える「マッハバンド効果」も縁辺対比の一種です。切り替わる部分をじっと見つめていると、盛り上がっているように見える錯覚です。

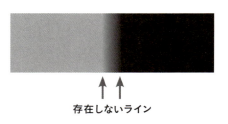

**存在しないライン**

>>> Sample

| Who | What | | Case |
|---|---|---|---|
| 20〜50代男女 | 想像力を刺激したい | × | エッセイ公募ポスター |

PART 3 ベースの配色テクニック

上級編 22 対比現象を利用する

## 作例カラー

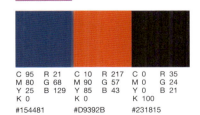

| C 95 | R 21 | C 10 | R 217 | C 0 | R 35 |
| M 80 | G 68 | M 90 | G 57 | M 0 | G 24 |
| Y 25 | B 129 | Y 85 | B 43 | Y 0 | B 21 |
| K 0 | | K 0 | | K 100 | |
| #154481 | | #D9392B | | #231815 | |

雲ひとつない鮮やかな青空の中、真っ赤な風船を組み合わせることで、互いの鮮やかさを引き立てあうビジュアル。エッセイの世界観を想像させるポスターデザインです。青空に囲まれた風船は、やや青みがかって見え、ノスタルジックな印象を与えます。

ビジュアルの青と赤を引き立たせるため、文字要素はモノトーンでまとめています。抜けるような青空は自然なグラデーションになっており、上から下への目線を誘導する役割も果たしています。

## 補色で互いを引き立てる

補色対比で青空はより鮮やかに、赤い風船は際立って強く印象に残ります。補色をうまく利用することで、ワンポイントのアクセントカラーというだけでなく、目の錯覚を利用したデザイン効果によってお互いを引き立てあうことが可能です。

緑の風船もワンポイントとして機能しますが、赤ほどのインパクトはありません。

# 同化現象を利用する

ある色が周囲の色に影響を受けて、互いの色に近づいて見える現象を「色の同化現象」といいます。対比現象とは逆の効果で、色相・明度・彩度が近い色どうしほど大きく現れる現象です。

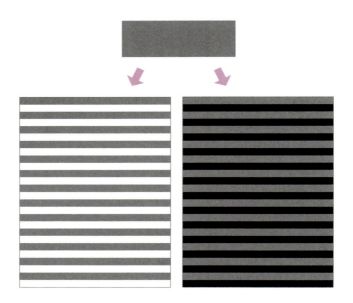

グレー地はどちらも同じ数値ですが、左の白線が入ったグレーは明るく、右の黒線が入ったグレーは暗く見える人が多いでしょう。グレー地がそれぞれのボーダーに影響を受け、その明度に近づいて見えるために起こる「明度の同化」と呼ばれる現象です。

ボーダーを細くすればするほど同化現象は強まり、ボーダーの白とグレー地は同化して認識されます。反対にボーダーを太くすると対比現象が起こるため、ボーダーはくっきりと現れます。

## 彩度の同化

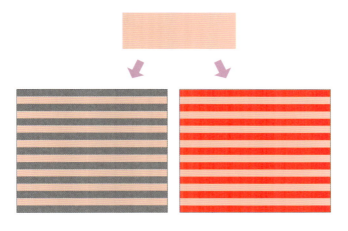

同じ数値のピンク地が、グレーのボーダーを入れるとくすんで見え、赤のボーダーを入れると鮮やかに見える「彩度の同化」が起こっています。ボーダー色の彩度にピンク地が近づいて見える現象です。

## 色相の同化

緑のボーダーが入った場合は緑がかった黄色に、赤のボーダーが入った場合には赤みがかった黄色に見えます。この例では、色味が近づいて見える「色相の同化」が起きています。

## 混色

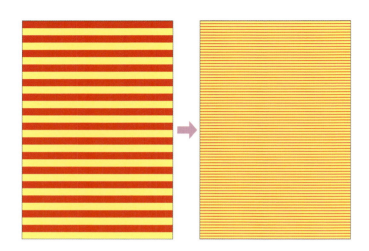

「同化現象」が起きているボーダーをさらに細かくしていくと、互いの色の境目が曖昧になって混ざり合い、新しい色のように見えます。これが「混色」(並置混色)です。この現象を応用したものに、絵画の点描画法があります。絵の具の色を混ぜずにそのままカンバスに細かい点として載せていき、色の点の重なりで新たな色を生み出します。

目の錯覚は、色を見る距離によっても変化します。アップで見ると「対比現象」が起こり、少し離れて見ると「同化現象」、さらに遠くから見た場合には「混色」が起きて見えます。

## 印刷における混色

「混色」は、印刷物上でも起きている現象です。印刷物は、シアン、マゼンタ、イエロー、ブラックの4つの小さな点(網点)の組み合わせでさまざまな色を表現しています。いま目にしているこの本も、拡大すれば4色と紙の白の組み合わせのみで構成されています。

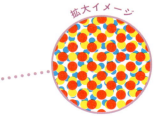

>>> Sample

| Who | What | | Case |
|---|---|---|---|
| 10〜40代男女 | みかんの甘みを感じさせたい | × | レストランスイーツメニュー |

PART 3 ベースの配色テクニック

上級編 23 同化現象を利用する

新メニューのみかんゼリーを印象づける、オレンジでまとめたデザイン。ごろごろとした果肉を想像させるため、剥いたみかんのビジュアルを合わせています。オレンジのドットを載せることで果肉の赤みが増し、より甘く熟したみかんに見えるよう仕掛けています。

## 作例カラー

| C 0 | R 233 |
| M 85 | G 71 |
| Y 100 | B 9 |
| K 0 | |
| #E94709 | |

| C 0 | R 251 |
| M 25 | G 203 |
| Y 60 | B 114 |
| K 0 | |
| #FBCB72 | |

| C 0 | R 35 |
| M 0 | G 24 |
| Y 0 | B 21 |
| K 100 | |
| #231815 | |

甘さと程よい酸味を感じさせる、オレンジと黄色をふんだんに使った配色。赤みを帯びた黄色にすることで、酸っぱさではなく甘みが感じられます。ポイントで使用した黒が、メインのオレンジを引き立てます。

## 色を重ねて印象を強める

スーパーに売られているみかんやオクラは、包まれているネットの色に引っ張られて、より美味しそうな色に見えるよう工夫されています。同化現象を利用すれば、そのもの自体の色は変えられなくても、色を重ねて印象を変化させることができます。

# さまざまな視覚効果を利用する

対比現象と同化現象の他にも、組み合わせや濃淡によって色はさまざまな視覚効果を持ちます。ある条件においてどのような現象が起こるのかを知っておくことで、デザインの配色を考える際に役立てることができます。

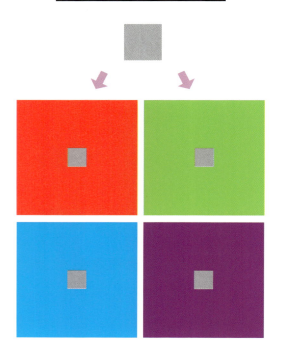

色陰現象

有彩色に囲まれた白やグレーなどの無彩色は、周囲の色の補色が影のように影響して見える現象を「色陰(しきいん)現象」といいます。上の図では、同じ色のグレーを赤の背景におくと青みがかって見え、緑・青・紫の背景に対しても、それぞれ補色の紫がかったグレー・赤みがかったグレー・緑がかったグレーに見えています。

白いお皿も、テーブルやランチョンマットの色によって影響を受けます。

# 面積効果

色の面積の大きさによって明度や彩度が変化する現象を「色の面積効果」といいます。色は、面積が小さいほど暗く見え、大きくなるほど明度と彩度が高く鮮やかな色に見えます。加えて、明るい色は大きな面積で見たほうが明るく、暗い色は大きな面積で見たほうが暗く感じられるといったように、色の印象が顕著になるのは大きな面積で見たときになります。小さなサイズで見た色のイメージで判断すると、実際の大きさで見たときに印象が変わることがあるため、紙媒体のデザインの際には原寸で出力して確認してみる、といった作業も重要になります。

# 錯視

## ハーマングリッド

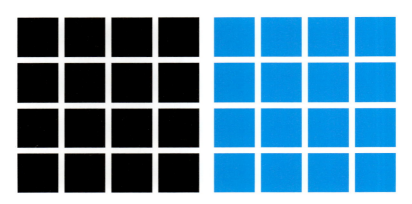

白の十字の中心にグレーの点が見える現象です。上のような図を「ハーマングリッド」といい、見えているように感じるグレーの点は「ハーマンドット」と呼ばれます。黒地と白の十字の間に縁辺対比(p.118参照)が起こり、黒からいちばん離れている十字の中心が暗く感じられ、点のように見えています。また、この現象は黒以外の色にも起こります。

## リープマン効果

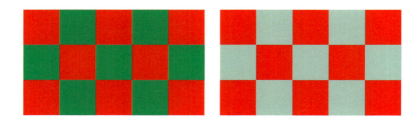

上の図の赤と緑のように、明度差がほとんどない色どうしが隣接すると目がチカチカして見えにくくなるハレーションが起こります。このようにして境界線が曖昧になり知覚が困難になることを、「リープマン効果」と呼びます。左のように、明度差をつけたものにはこの現象は起こらないため、視認性を高める場合は明度差に気を配った配色が必要となります。

## エーレンシュタイン効果

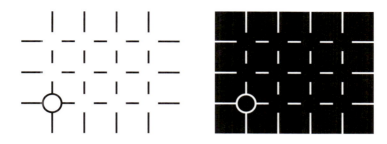

格子の十字部分が抜けている場合、抜けた部分が明るい円状に感じられる現象を「エーレンシュタイン効果」といいます。黒背景の場合は、抜けた十字部分が暗く感じられます。ただし、この円に感じられる輪郭を囲んでしまうと、明るさや暗さの錯視は感じられなくなります。

## ネオンカラー効果

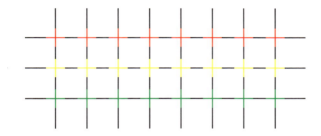

エーレンシュタイン効果の十字を色線でつなぐと、色がにじんだように広がって見えます。この様子がネオンの光のように見えるため、「ネオンカラー効果」と呼ばれています。

## 透明視

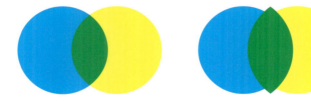

異なる色が重なる領域に適した色を載せることで、その部分が透けて見えるように感じられる現象を「透明視」といいます。載せる色は同じままでも、領域を少しずらしてしまうとこの現象はなくなります。

# 奥行きとバランス

## 遠近効果

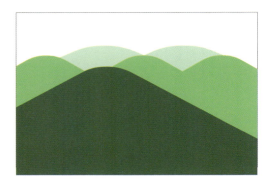

オブジェクトの大きさでの表現に合わせ、色の濃淡を組み合わせることで、遠近効果を強めましょう。近くにあるものは濃く、遠くにあるものを薄く配色します。グラデーションを使用したり、進出色や後退色を配色することにより、効果はより高まります。

## バランス

明るい色は軽く、暗い色は重く見える性質を利用して、デザインのバランスを演出します。明るい色を上に、暗い色を下に配色すると安定や安心感を感じさせます。逆の配色にするとバランスは不安定になり、動きを感じさせるデザインになります。

## 立体効果

明るい色と暗い色の組み合わせで、立体的に見せることもできます。凸面では光の当たる上縁を明るい色、影になる下縁を暗い色で配色します。凹面はこの逆で、上縁を暗い色、下縁を明るい色にすることで表現できます。

>>> Sample

| Who | What | | Case |
|---|---|---|---|
| 小学生・ファミリー | 企画展に興味を持ってもらいたい | × | 企画展ポスター |

PART 3 ベースの配色テクニック

上級編 24 さまざまな視覚効果を利用する

ふりこが揺れる様子を円と線の構成で表現しているデザインです。円と円の重なる部分に色を入れることで透明感を演出し、ふりこの連続写真のように見せています。ふりこの色に対して補色の赤を使用することで、企画展名がはっきりと目に留まります。

## 作例カラー

| C 74 | R 0   | C 15 | R 216 | C 0   | R 233 | C 0   | R 239 |
|------|-------|------|-------|-------|-------|-------|-------|
| M 0  | G 181 | M 46 | G 158 | M 85  | G 71  | M 0   | G 239 |
| Y 0  | B 238 | Y 0  | B 197 | Y 100 | B 9   | Y 0   | B 239 |
| K 0  |       | K 0  |       | K 0   |       | K 10  |       |
| #00B5EE | | #D89EC5 | | #E94709 | | #EFEFEF | |

規則的な動きを繰り返すふりこには青を使用し、法則性のあるイメージを高めています。色を徐々に変化させて遠近効果を演出しつつ、重なり部分には濃い色を使用して透明視の効果も利用しています。

## 乗算で重なる色を見つける

透明感は[描画モード]の設定を[乗算]にして演出することも可能ですが(p.130参照)、下地にデザインがあるときなどやや扱いづらい場合も。透明視の現象を利用して重なる部分の色の塗りを変えることで、透明感を出しましょう。一度乗算にして重なりの色を確認し、その色に近づけることで自然に見せることができます。

[乗算]で色を確認 → パスファインダーで分割→[通常]で色を載せる

## 描画モードと不透明度

PhotoshopやIllustratorの「描画モード」と「不透明度」を駆使して、色の濃淡を調整したり、複数の色の重なりを演出することができます。それぞれのモードについて効果を理解し、デザインに有効活用しましょう。

### ①描画モード

Photoshopでは[レイヤー]パネル内、Illustratorでは[透明]パネル内に存在します。ここでは、デザインでよく使用する「通常」「乗算」「スクリーン」「オーバーレイ」について解説します。

### ②不透明度

画像やオブジェクトの不透明度を下げると、徐々に色が薄くなり透明になっていきます。

### ①描画モードの例

**通常**
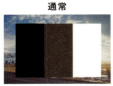
デフォルトの状態です。背面に影響することなく、そのままの色を表示します。

**乗算**

黒を重ねるほど黒に近づき、重ねる色が白いほど影響がなくなります。

**スクリーン**

明るい部分はより明るくなり、重ねる色が暗いほど影響がなくなります。

**オーバーレイ**

暗い色を重ねることで、暗い部分はより暗くなり、明るい部分はより明るくなります。

### ②不透明度の例

**不透明度20%**

前面のオブジェクトが20%表示され、背面の写真が80%表示されている状態です。

**不透明度50%**

前面のオブジェクトが50%表示され、背面の写真が50%表示されている状態です。

**不透明度80%**

前面のオブジェクトが80%表示され、背面の写真が20%表示されている状態です。

「描画モード」は多くの種類があるため、実際に試して見え方を確認するとより理解が深まります。「不透明度」は、色の数値自体は保ったまま、濃淡を調整したいときに有効です。

PART

# 4

# 配色レイアウト
# のアイデア

( 13の発想とデザインサンプル )

///// 

デザインの魅力を高める配色レイアウトを解説します。
色の使い方の幅を広げて、効果的に読み手へアピールしましょう。

配色レイアウト

# 無彩色にポイントで入れる

無彩色でまとめたデザインの一部に有彩色を入れると、その部分には自然と注目が集まります。ポイントで入れた色のイメージにデザイン全体が左右されるため、少ない面積でも重要な役割を担います。

### 暖色のワンポイント

無彩色のなかに入れることで、赤の持つアクティブなイメージが強調されます。

### 寒色のワンポイント

クールでスタイリッシュな印象が高まります。ポイントにする部分のシェイプも重要です。

### グラデーションを入れる

グラデーションでなじませながら、さりげなく色を入れる手法もあります。

### 複数のポイントカラー

複数のポイントカラーを使用するときは色面積の大小でメリハリをつけます。

- ☑ 無彩色デザインのポイントに有彩色を入れると存在感が高まる
- ☑ 少ない色面積でも、色のイメージを強調して読み手に伝えることが可能

>>> Sample

| Who | What | | Case |
|---|---|---|---|
| 20〜40代女性 | 高級感と美しさを演出したい | × | 新作コスメ広告 |

PART 4 配色レイアウトのアイデア

メインビジュアルをあえてモノトーンにすることで、商品のチークの色を際立たせています。キャッチコピーを大胆に配置して興味を惹きつけ、商品の色を強く印象づけます。

01

無彩色にポイントで入れる

## 作例カラー

| C 24 | R 195 | C 86 | R 2 | C 0 | R 35 |
| M 84 | G 72 | M 52 | G 107 | M 0 | G 24 |
| Y 60 | B 81 | Y 5 | B 177 | Y 0 | B 21 |
| K 0 | | K 0 | | K 100 | |
| #C34851 | | #026BB1 | | #231815 | |

大人の女性に向けたコスメとして、深みのあるチークの赤をメインにした配色。青を使用したブランドロゴはさりげなく配置することで、メインの赤のイメージを崩さないようにメリハリをつけています。

## 無彩色のデザインをベースにする

無彩色は、どんな有彩色と組み合わせても差がはっきりとする万能色。組み合わせる色を検討する際は、まず無彩色のみでデザインをつくってからポイントの色や配置を検討すると、イメージをつかみやすくなります。

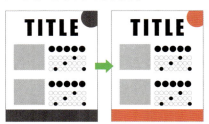

少しずつ有彩色を足していき、全体のバランスを見ながらポイントにする位置を検討します。

## 地に色を敷く

配色レイアウト 02

全面に地色を敷くことで、色面積が広くなりインパクトのあるデザインに。内容を象徴しつつ、文字の可読性を損なわない色選びがカギとなります。ポイントで白ヌキ部分をつくって、変化を持たせるのも効果的です。

### 内容を表現する

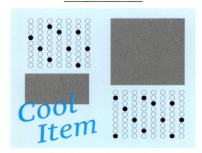

内容に合わせた地色を用いることで、全体の世界観を表現します。

### テクスチャを加える

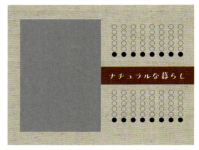

テクスチャを用いると地色に質感が加わり、メッセージ性を強められます。

### 白ヌキを効果的に

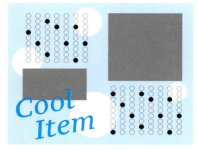

媒体色（主に白）を見せる「抜け」の部分をつくることで、デザインに動きを持たせます。

### 内容にそぐわない地色 ✗

内容にそぐわない地色を用いてしまうと、読み手へのイメージ伝達が損なわれます。

- ☑ インパクトを与える地色を活用して、内容のイメージを視覚的に伝える
- ☑ ポイントで白ヌキ部分をつくるとデザインに動きが生まれる

## >>> Sample

| Who | What | | Case |
|---|---|---|---|
| 30～50代男女 | 上品さと落ち着いた印象を与えたい | × | ライフスタイル誌 |

高すぎない彩度の緑の地色で質の良さを感じさせ、切り抜きの商品ビジュアルに合わせたアクセントカラーの赤と互いを引き立てあっています。白フチの円で商品ビジュアルをつなぐことで、自然なまとまりを持たせています。

### 作例カラー

| C 30 | R 189 | C 10 | R 218 | C 0 | R 35 |
|---|---|---|---|---|---|
| M 0 | G 225 | M 90 | G 57 | M 0 | G 24 |
| Y 20 | B 214 | Y 95 | B 29 | Y 0 | B 21 |
| K 0 | | K 0 | | K 100 | |
| #BDE1D6 | | #DA391D | | #231815 | |

全面に敷くため、目に強すぎない緑を用いています。アクセントカラーの赤にはくすみを持たせてシックな印象を高めています。緑と赤は補色の関係ですが、彩度差があるため見づらさを感じさせずに互いの色を引き立てています。

### テクスチャに重ねて深みを出す

紙のテクスチャを敷いた上に[描画モード：乗算](p.130参照)で緑を重ねることで、風合いを感じさせています。テクスチャ素材の色と重なることで色は変化するため、イメージ通りの色合いに調整する作業が必要となります。

02　地に色を敷く

配色レイアウト

# 色で囲む

デザイン全体を色で囲むことで、ばらばらになりがちな情報もかたまりとして認識させることができます。色枠の幅や形状、傾きによってデザインに動きが生まれ、注目を集めます。

### 太枠で囲む

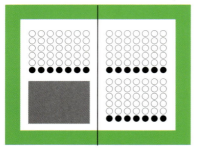

太枠で囲むことで色面積が増えるため、色によってデザインの印象は大きく変わります。

### 細い罫線で囲む

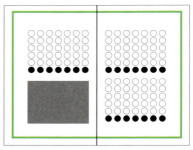

枠を細くするほど繊細な印象に。メインカラーに対する補色を使うのもアクセントとして有効。

### 見開きを強調する

対向ページを同じ囲みの色違いにすると、対比させつつ内容のつながりを持たせられます。

### ONE POINT
### 囲みの形を工夫する

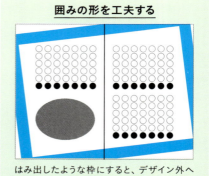

はみ出したような枠にすると、デザイン外への広がりを感じさせることもできます。

- ☑ 色で囲むことにより、枠の内側の要素にまとまりを持たせることができる
- ☑ 囲みの形と使用する色によって、デザインの印象を変化させる

>>> Sample

| Who | What | | Case |
|---|---|---|---|
| 20〜30代女性 | 特集を読んでもらいたい | × | 芸能インタビューページ |

PART 4 配色レイアウトのアイデア

安定や安心を感じさせるがっしりとした太枠は男性的なイメージも与えます。淡い青を使用しているため、色面積が増えてもデザイン全体が重くなりすぎず、すっきりとまとまります。

03 色で囲む

## 作例カラー

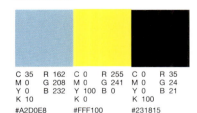

| C 35 | R 162 | C 0 | R 255 | C 0 | R 35 |
| M 0 | G 208 | M 0 | G 241 | M 0 | G 24 |
| Y 0 | B 232 | Y 100 | B 0 | Y 0 | B 21 |
| K 10 | | K 0 | | K 100 | |
| #A2D0E8 | | #FFF100 | | #231815 | |

青をメインの太枠に、補色の黄色をアクセントカラーとして使用した配色。どちらも淡めの色使いにすることで色面積を増やしても重たさを感じさせず、爽やかな印象に仕上げています。

## 囲みの形で内容を表現

直線でしっかりと囲む太枠には、安心感と存在感が生まれます。アクセントカラーを丸く配置することでデザインに曲線が生まれ、硬くなりすぎずにまとまります。囲みの形にも曲線などの遊びの要素を入れるほど、デザインの印象はポップでやわらかくなっていきます。

▶▶▶ Another sample

枠の形をやわらかくするほど、内容も親しみやすく感じられるデザインに。

配色レイアウト 04

# 帯デザインを生かす

帯を入れることでデザインが引き締まり、情報も整理されます。帯を目立たせて主役にしたい場合、強く濃い色を使用して注目を集めましょう。帯の位置や幅、形などを変えることで、さまざまな役割を持たせられます。

### デザインを引き締める

全体にまたがる帯は、色面積が増えてデザインを引き締める効果を持ちます。

### 注目させる

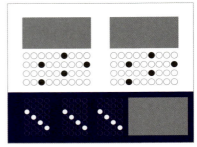

デザイン全体のなかでいちばん強い色を用いると、帯に注目が集まります。

### あしらいとしての帯

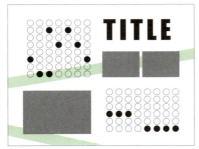

地の模様として帯を入れることで、少ない色面積でも色のイメージが印象的に伝わります。

### ONE POINT
### 情報をまとめる

ビジュアルを大きくデザインしたい場合には、帯部分に情報をまとめることも可能です。

- ☑ 帯によって注目を集め、情報をまとめる
- ☑ 帯の形状や色によってさまざまな役割を持たせることが可能

## >>> Sample

| Who | What | | Case |
|---|---|---|---|
| 20〜40代男女 | 和菓子の魅力を伝えたい | × | 旅行ガイド |

金色にも見えるような茶色の帯が、和スイーツの上品さと高級感を高めています。デザインを囲む細い枠に帯を重ね、そこからはみ出すように配置することで、デザインの広がりを感じさせています。

### 作例カラー

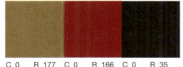

| C 0  | R 177 | C 0  | R 166 | C 0   | R 35 |
| M 25 | G 143 | M 85 | G 45  | M 0   | G 24 |
| Y 65 | B 71  | Y 65 | B 45  | Y 0   | B 21 |
| K 40 |       | K 40 |       | K 100 |      |
| #B18F47 | | #A62D2D | | #231815 | |

メインカラーには上品さを演出する茶色を選びます。アクセントカラーには深みを持たせて和のイメージを強める赤を使用します。和のデザインでは茶(金)色と赤の組み合わせは慶事を連想させ、よく用いられる配色です。

### 帯の基本位置

色を敷いた帯は重みを感じるため、読み手の目線が最後に落ち着く位置に置きます。基本的にはデザインの下部、あるいは左端に配置されます。あえてデザインの上部に情報をまとめる帯を入れたい場合は、重さを感じさせない色を使うとバランスよく見せることができます。

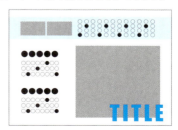

PART 4 配色レイアウトのアイデア

04 帯デザインを生かす

# 透明感を演出する

明るく淡いトーンの配色は軽やかさを感じさせ、色の組み合わせによって透明感を表すことができます。色の重なりやグラデーションの効果を活用することで、さまざまな種類の透明感を表現してみましょう。

### 軽やかなトーン

明るいトーン、淡いトーンを使うと軽やかな印象になり、透明感が伝わりやすくなります。

### 色を透かして重ねる

2つの色の重なり部分を透かすことで、透明感が感じられるデザインになります。

### グラデーションを使う

グラデーションを取り入れることで、より透明感を演出できます。

### 奥行き感を出す

ぼかしの効果を加えることで、ガラス越しに見えているような奥行き感が生まれます。

- ☑ 明るく淡いトーンや色の重なりでデザインに透明感を施せる
- ☑ グラデーションやぼかし効果を加えると、よりリアルな見え方に

>>> Sample

| Who | What | | Case |
|---|---|---|---|
| 20〜30代女性 | 新商品を飲んでもらいたい | × | 駅の広告看板 |

PART 4 配色レイアウトのアイデア

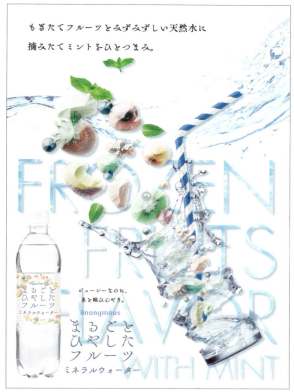

清涼感を感じさせるビジュアルが印象的な広告看板。使用色を青でまとめて、英字のキャッチコピーを透かすように敷くことで、全体のクリアな印象を強めています。

05 透明感を演出する

### 作例カラー

| C 60 | R 104 | C 80 | R 53 |
| M 23 | G 165 | M 51 | G 112 |
| Y 0 | B 218 | Y 18 | B 163 |
| K 0 | | K 0 | |
| #68A5DA | | #3570A3 | |

2種類の青をメインに、冷たく透きとおったみずみずしさを感じさせる配色。全体の透明感やひんやり感を高めるため、フルーツも青みがかった色合いに加工しています。

### 加工した文字を透かす

英字のキャッチコピーは水の写真素材を文字でクリッピングして作成します。メインビジュアルのグラスに透かすことで、透明感と一体感を感じさせています。

Illustrator上で、文字を背景素材の前面に配置し、両方を選択したまま、**[オブジェクト]**メニューから**[クリッピングマスク]**→**[作成]**します。

# 重厚感を表す

暗いトーンを使用したデザインは重厚さを感じさせることができ、色面積を増やすほどその印象は強まります。一部に明るい色を用いて目の留まるポイントをつくることで、暗いトーンの力強さをより引き立たせます。

### 重さを感じさせるトーン

暗いトーンの配色は、デザインに重みや威厳を持たせることができます。

### 色面積を広くする

色面積を広くするほど色の重さが増し、デザインにも安定感が生まれます。

### メリハリをつける

ワンポイントに明るい色を用いるなど、メリハリを持たせることで印象が強まります。

### グラデーションを利用する

暗いトーンのグラデーションでビジュアルになじませつつ、全体の重厚感を高めます。

- ☑ 暗いトーンを用いると、デザインに重厚感が生まれる
- ☑ 色面積が大きいほど重さが増す
- ☑ 明度差をつけたポイントを入れると、暗いトーンの色が引き立つ

## >>> Sample

- **Who**: 20〜40代男女
- **What**: モデルルーム案内会に来てほしい
- × **Case**: モデルルームチラシ

要素やあしらいはシンプルにまとめ、高級感と重厚さを演出します。地に敷いた黒で全体を引き締め、数の多い角版写真も映画のフィルムのような印象にまとめています。

### 作例カラー

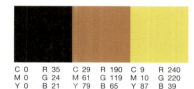

| C 0 | R 35 | C 29 | R 190 | C 9 | R 240 |
| M 0 | G 24 | M 61 | G 119 | M 10 | G 220 |
| Y 0 | B 21 | Y 79 | B 65 | Y 87 | B 39 |
| K 100 | | K 0 | | K 0 | |
| #231815 | | #BE7741 | | #F0DC27 | |

メインカラーの黒の色面積を広くして、シックにまとめた配色。情報は白ヌキ文字でまとめ、ロゴマークに金色のように見えるグラデーションを施すことで、高級感を強めています。

### 色面積と直線でイメージを高める

丸いものよりも四角いもののほうが重く見える性質から(p.106参照)、角版写真でレイアウトし、デザインに重みを感じさせます。角版写真によってデザインに直線のラインが多くなるため、整理された印象も与えます。また、写真に載せた文字「VEGH」の書体にも太めのゴシック体を使用して、直線と色面積を増やし重厚な雰囲気を高めています。

同じ暗いトーンのデザインでも、角ばった要素が多いデザインのほうが重厚さを感じさせます。

配色レイアウト

# 文字色で魅せる

通常では黒を使用することの多い文字に色を用いると、デザインの印象は大きく変わります。文字要素も含めた全体を大きなひとつのビジュアルのように見せることができ、思わず魅入るデザインを生み出します。

### ビジュアルの色と合わせる

ビジュアルに合わせた色を文字に用いることで全体に統一感が生まれます。

### まとまりで色を変える

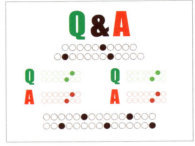

情報のまとまりごとに文字色を変更することで、関係性が伝わりやすくなります。

ONE POINT

### シェイプでかたどる

文字でシェイプをかたどったり、沿わせたりすることでビジュアルとの一体感を演出します。

### 動きをつける

文字自体にも動きをつけたりあしらいのように配置すると、ビジュアル感が増します。

- ☑ 文字色を工夫することでビジュアルとの一体感を増す
- ☑ 文字配置や動きと色の組み合わせで、インパクトのあるデザインに

## >>> Sample

| Who | What | | Case |
|---|---|---|---|
| 20〜30代女性 | 可愛さで思わず目を惹きたい | × | 雑誌グラビア |

PART 4 配色レイアウトのアイデア

内容とビジュアルに合わせ、ピンクを大々的に使用したデザイン。文字要素もハート型に流しこんだり、シェイプに沿わせることで個々の要素の可愛らしさを強調し、全体のキュートかつエレガントな印象を高めています。

### 作例カラー

| C 0 | C 0 | C 70 |
| M 70 | M 0 | M 5 |
| Y 10 | Y 0 | Y 0 |
| K 0 | K 100 | K 0 |
| R 235 | R 35 | R 6 |
| G 109 | G 24 | G 180 |
| B 154 | B 21 | B 234 |
| #EB6D9A | #231815 | #06B4EA |

女性らしい華やかさを前面に表現したピンクをメインカラーにした配色。ほとんどの要素をピンクでまとめることで、華やかなビジュアルとの一体感が生まれます。タレント名など目立たせたい部分の文字にのみ黒を使用しているほか、ワンポイントとして青い蝶を入れることで、目線の引っかかりをつくっています。

### シェイプに合わせた文字

文字をよりビジュアル的に見せるため、ハート型のスペースに文字をレイアウトします。白ヌキのなかに文字を入れることで可読性を保ちます。小見出しもシェイプの形に沿わせて配置し、デザインに動きをつけています。

ハートなどの単純なシェイプであれば、輪郭線がなくてもビジュアルのように見せることも可能ですが、可読性はやや下がります。

07 文字色で魅せる

# 模様を入れる

配色レイアウト 08

模様を組み合わせたデザインで、色のイメージはより鮮明に伝わります。また同じ模様の場合でも、有彩色と無彩色の使い分けで印象は大きく変化します。ドットやストライプなど、色と掛けあわせて効果的に活用しましょう。

### イメージを高める

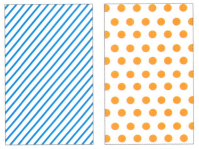

内容に合った模様を用いることで、使用色と合わせてイメージを高めることができます。

### スペースを明確に

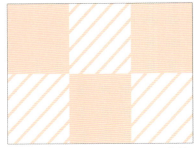

同系色のデザインでも、地模様による分割でそれぞれのスペースを明確にできます。

### 複数を組み合わせる

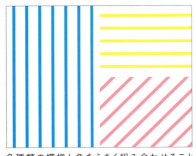

多種類の模様と色をうまく組み合わせることで、より面白みを感じさせるデザインに。

### 無彩色の模様

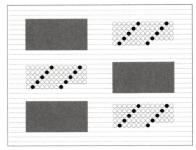

黒やグレーなどの無彩色を使った模様は、シンプルながらデザインのアクセントになります。

- ☑ 色と模様の組み合わせでイメージを高める
- ☑ 有彩色の模様はにぎやかな印象を与え、無彩色を使うとシンプルなアクセントに

>>> Sample

| Who | What | Case |
|---|---|---|
| 10〜20代女性 | アイテムに興味を持たせたい | 女性向けファッション誌 |

PART 4 配色レイアウトのアイデア

特集のメインテーマであるドット模様をふんだんに使用したデザイン。大きさの違うドットと2色を組み合わせて、華やかで楽しげな印象を強めています。アイテム写真には白フチをつけ、背景のドットに埋もれすぎないよう存在感を持たせています。

## 作例カラー

```
C 0     R 231      C 0     R 255
M 90    G 52       M 0     G 241
Y 40    B 98       Y 100   B 0
K 0                K 0
#E73462            #FFF100
```

ガーリーで元気な印象を与える、ピンクと黄色のかわいらしい配色。ピンクにはイエローを加えて2色の色味を近づけることで、2色のドットがバラバラな印象にならないよう調整しています。

## メリハリをつけたドット模様

3種類の大きさのドットを組み合わせ、にぎやかにデザインしています。いちばん大きなドットにアイテム写真を載せて配置することで、アイテム情報のスペースを明確にしています。

大小のメリハリのあるドット模様により、単調さを感じさせないデザインに。

08 模様を入れる

# つながりを感じさせる

異なる色をグラデーションでつなげて、複数の色のイメージを同時に感じさせるデザインをつくり出します。グラデーションの変化する方向を利用して、読み手の目線を誘導することも可能です。

### 地色に敷く

地色にグラデーションを敷くことで、複数の色のイメージをデザインに与えられます。

### 目線を誘導する

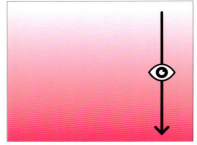

グラデーションの変化で、目線を自然と誘導することができます。

### やわらかい印象を与える

にじみやぼかしの効果もグラデーションの一種で、デザインにやわらかい印象を与えます。

### きつすぎるグラデーション ✕

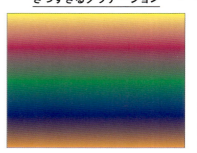

色相の変化が激しいグラデーションは、見づらい印象を与えるおそれがあります。

- ☑ 目線を誘導しつつ、複数の色が持つイメージをデザインに与えることが可能
- ☑ やわらかい印象や、単色では出せない色の深みを演出できる

>>> Sample

| Who | What | Case |
|---|---|---|
| 10代後半女性 | 華やかな振袖を注文してほしい | 振袖レンタルWebサイト |

PART 4 配色レイアウトのアイデア

艶やかなピンクと黄色のグラデーションを全面に敷き、下のメニューバーに視線を誘導しています。花のあしらいはグラデーションから透けるように置くことで、派手になりすぎず上品なイメージを高めています。

## 作例カラー

```
C 0    R 232    C 0    R 255
M 80   G 82     M 10   G 233
Y 0    B 152    Y 40   B 169
K 0             K 0
#E85298         #FFE9A9
```

ピンク単色ではなく、やわらかな黄色と組み合わせてグラデーションをつくることで、優しい華やかさを演出した配色。黄色にもマゼンタを混ぜて、グラデーションでつなげたピンクとなじみやすいよう調整しています。ポイント色はピンクにまとめて色数を絞り、派手になりすぎない「大人な女性」のイメージを高めています。

## 色の重さを意識してつなげる

色には重さがあり、軽く感じる色を上、重く感じる色を下にすると安定感が生まれます（p.128参照）。この効果を応用し、グラデーションの上下も軽い色から重い色へつなげることで安定感のあるデザインにすることが可能です。また、上から下へ向かう目線の動きともそろうため、誘導もスムーズに行えます。

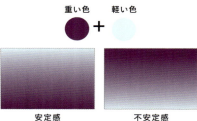

09 つながりを感じさせる

# ビジュアルを引き立てる

写真などのビジュアルを引き立てる工夫のひとつに、抽出した色でデザインする手法があります。色の面積の比率（配色バランス）をそろえたり、コントラストを強調する手法などを用いて、ビジュアルの存在感を高めましょう。

### 色を抽出する

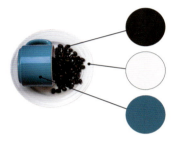

スポイトツールやWebサービス、アプリ（p.037参照）を用いて、ビジュアルから色を抽出します。

### イメージを高める

写真やイラストに含まれる色を使ってデザインすることで、ビジュアルの存在感を強めます。

### コントラストを強調

ビジュアルに対する補色を使用することでコントラストを強調し、メイン写真を目立たせます。

### 配色バランスをそろえる

写真の配色バランスと合わせた配色にすることで、デザインの一体感を演出します。

- ☑ 写真などのビジュアルと配色をそろえ、メッセージ性を強調する
- ☑ 補色などでコントラストを強調し、相対的にメインビジュアルを引き立てる

>>> Sample

| Who | What | | Case |
|---|---|---|---|
| 10〜30代女性 | デザートを注文してほしい | × | カフェデザート広告 |

全体を茶色でまとめてチョコレートを表現し、インパクトを与えるデザイン。ストローの赤と黄色のワンポイントが、重くなりがちな全体のバランスを引き締めています。背面に敷き詰めた板チョコをビターな色合いにすることで、メインであるチョコシェイクを引き立てています。

## 作例カラー

| | | | |
|---|---|---|---|
| C 35 M 58 Y 65 K 12 | R 165 G 113 B 83 | C 38 M 53 Y 58 K 63 | R 87 G 62 B 48 |
| #A57153 | | #573E30 | |
| C 0 M 0 Y 100 K 0 | R 255 G 241 B 0 | C 28 M 90 Y 88 K 0 | R 189 G 58 B 46 |
| #FFF100 | | #BD3A2E | |

ミルクチョコレートを感じさせる茶色をメインに、ワンポイントで黄色と赤を加えた配色。食品広告のため、ワンポイントカラーには暖色を使用し、美味しそうなイメージを高めます。

## ワンポイントでメリハリを

チョコレートの茶色はCMYKすべての色を使用して濁らせているため、デザインが重くなりがちです。明るい色を少し加えるだけで、印象はポップに変化します。

クールなイメージになる寒色のワンポイントでは、チョコレートの甘い印象を損ねてしまいます。

PART 4 配色レイアウトのアイデア

10 ビジュアルを引き立てる

# 差を際立たせる

配色レイアウト 11

色の差をはっきりつけたコントラストを意識した配色は、シンプルな構成のデザインにもインパクトを与えることができます。読み手の視線も自然と強調部分に向かい、伝えたい内容をスムーズに伝えることが可能です。

### シンプルな構成

シンプルな構成でもコントラストが強調された配色で注目を集めます。

### アクセントにする

強調したい一部分のみの色を変更することでアクセントになり際立ちます。

### 分割する

分割したスペースに色の差をつけることで、互いの色を対比させて強調します。

### ONE POINT
### 配置にも差をつける

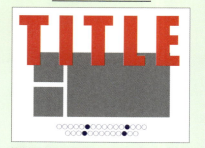

情報要素の配置にも大小のメリハリをつけることで、それぞれの差がはっきりします。

- ☑ コントラストを意識して配色することで、お互いの色の印象を強める
- ☑ 強調部分が読み手に伝わりやすくなり、インパクトのあるデザインに

>>> Sample

| Who | What | Case |
|---|---|---|
| 20～50代男女 | 書籍に興味を持ってもらいたい | 書籍広告ポスター |

PART 4 配色レイアウトのアイデア

色相差をはっきりとつけた青と黄の2色を用いて、どこかあやうげな書籍の世界観を表現しています。モノトーンのメインビジュアルの一部にも青を用い、ワンポイントにしています。また、タイトル文字を分割したスペースにまたがるように配置して、デザインにまとまりを持たせています。

11 差を際立たせる

## 作例カラー

| C 85 | R 3 | C 6 | R 246 |
| M 50 | G 110 | M 11 | G 219 |
| Y 0 | B 184 | Y 100 | B 0 |
| K 0 | | K 0 | |
| #036EB8 | | #F6DB00 | |

くすみのある青と、同じくシアンとマゼンタを調整してやや寒々しさを感じさせる色に調整した黄色の配色。モノトーンのメインビジュアルと組み合わせることで2色の鮮やかさが増し、印象を鮮烈にしています。

## つながる部分をつくる

差を際立たせることに意識を向けすぎると、要素がバラバラに見えてしまう場合も。それぞれの色の領域の一部やポイントにつながる部分をつくります。

それぞれの要素につながりがなく、区切りがはっきりしすぎてまとまりのない印象を与えてしまいます。

# ラフに彩色する

配色レイアウト

ラフな彩色で質感や風合いを演出し、印象に残るデザインをつくってみましょう。使用色と塗り方の組み合わせによって、親しみやすさやシンプルさなど、さまざまなイメージを演出することができます。

### ざっくりとした塗り

ペンでざっくりと塗ったような塗りには、あえての「隙」を演出することができます。

### ふわっとした塗り

ぼかしたような塗りにはやわらかさや温かみが生まれます。

### パターンで彩色

ドットやストライプなどのパターンを塗りにすることで、印象に変化をつけることができます。

### 色数を絞る

通常使用する色数を絞って配色することで、シンプルなイメージを高められます。

---

☑ きっちりした塗りではなくラフに彩色し、デザインに質感を生む
☑ 塗りの方法や色数によってイメージをコントロールする

>>> Sample

| Who | What | | Case |
|---|---|---|---|
| 幼児・ファミリー | 教室に参加してほしい | × | 子ども向け教室ポスター |

PART **4** 配色レイアウトのアイデア

スクールの生徒が描いたようなイラストをちりばめて楽しげに仕上げたデザインです。全体的にカラフルに配色していますが、それぞれのイラストに使う色数は絞っておりシンプルさも感じさせます。タイトル部分以外の不透明度を下げることで、相対的にタイトルを目立たせています。

12 ラフに彩色する

## 作例カラー

| C 0 | C 70 | C 40 | C 0 |
|---|---|---|---|
| M 80 | M 0 | M 0 | M 50 |
| Y 80 | Y 35 | Y 80 | Y 100 |
| K 0 | K 0 | K 0 | K 0 |
| R 234 | R 43 | R 170 | R 243 |
| G 85 | G 183 | G 207 | G 152 |
| B 50 | B 179 | B 82 | B 0 |
| #EA5532 | #2BB7B3 | #AACF28 | #F39800 |

| C 0 | C 0 |
|---|---|
| M 70 | M 0 |
| Y 20 | Y 32 |
| K 0 | K 0 |
| R 235 | R 255 |
| G 109 | G 251 |
| B 142 | B 194 |
| #EB6D8E | #FFFBC2 |

明るいはっきりしたトーンでカラフルに配色。やや不透明度を下げることで透け感を出し、うるさくなり過ぎないようにデザインしています。

## 効果を使ってラフな塗りに

Illustratorの[効果]メニューから[スタイライズ]→[落書き]で、タイトルのような塗りに。また、[効果]メニューから→[パスの変形]→[ラフ]の使用で、ざっくりした塗りになります。

通常の塗り
12×12mm

[落書き]
設定：初期設定

[ラフ]
サイズ：5%
詳細：10inch
ポイント：丸く

## 配色レイアウト

# 違和感で惹きつける

あえて違和感を与え、読み手が思わず注目してしまうデザインをつくります。それぞれの要素の配置と配色の組み合わせで、読めるギリギリのラインを狙って「不自然さからくる魅力」を引き出します。

### あえてハレーションを起こす

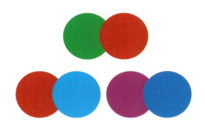

意図的にハレーションを起こす組み合わせを用いることで違和感を演出します。

### 微妙な差

色相差があまりない組み合わせの配色で、目を凝らして見たくなるデザインをつくります。

### 要素の配置で遊ぶ

文字要素などの配置の違和感と色の組み合わせで、より個性的なデザインになります。

### 「読めない」はNG

じっくりと見ても読めない色の組み合わせでは、デザインとして成り立たなくなります。

- ☑ あえて違和感を演出し、注目を集めるデザインをつくる
- ☑ 最低限の可読性は保つように注意する

>>> Sample

| Who | What | Case |
|---|---|---|
| 10〜30代男女 | 展覧会に興味を持ってもらいたい | 現代アート展ポスター |

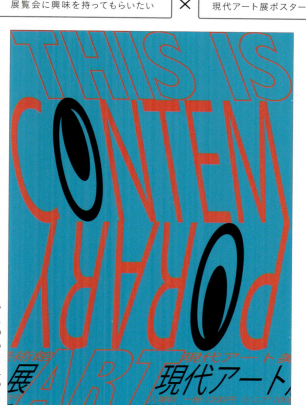

地に敷いた青と文字の赤の組み合わせは不自然さを感じさせ、思わず目を惹きつけます。色の違和感を第一に感じさせるため要素やあしらいはシンプルにまとめながらも、目のように見えるオブジェクトを入れて少しの遊びを含ませ、興味を持たせるよう仕掛けています。

## 作例カラー

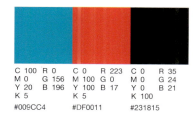

| C 100 | R 0 | C 0 | R 223 | C 0 | R 35 |
| M 0 | G 156 | M 100 | G 0 | M 90 | G 24 |
| Y 20 | B 196 | Y 100 | B 17 | Y 0 | B 21 |
| K 5 | | K 5 | | K 100 | |
| #009CC4 | | #DF0011 | | #231815 | |

少しだけKを加えて青と赤をくすませ、ハレーションを起こす組み合わせでも見えづらくなりすぎないよう調整しています。ポイントには黒も使用し、目の落ち着きどころをつくっています。

## 色面積で違和感を強調

色の印象を強めるため、地色と全体に敷き詰めた文字色で色面積を広くしています。書体やデザインの要素自体はあっさりとまとめているため、読み手の意識はより色へ向かいます。

同じ組み合わせの色でも、全体の色面積が減ると見やすさが生まれるため、与える違和感は軽減します。

PART 4 配色レイアウトのアイデア

13 違和感で惹きつける

PART
# 5

# くらべる
# 配色プラン集

（ 4つの視点とデザインサンプル ）

///// 

配色のアプローチを切り口に解説します。ターゲット別の作例を参考に、
色の力を最大限に活用するためのポイントを押さえましょう。

# カラーイメージを活用する

色のイメージを利用することで、言語化せずとも意図を伝え、情報の受け取り手にメッセージを想起させることが可能になります。企業のロゴマークなど、象徴として機能するデザインによく見られる手法です。

**赤のロゴマーク**

イメージ：前向き、ハピネス
画像提供：日本コカ・コーラ株式会社

**青のロゴマーク**

イメージ：誠実、安全
画像提供：ANAホールディングス株式会社

**黄のロゴマーク**

イメージ：希望、探求
画像提供：ヤマト運輸株式会社

**緑のロゴマーク**

イメージ：リラックス、和やか
画像提供：株式会社ニトリホールディングス

企業の顔となるロゴマークにとって、色のイメージはとても重要です。多くの企業が、それぞれの企業理念に基づいた色をコーポレートカラーとして採用しています。ここで紹介した他にも、さまざまな企業のロゴマークを参考にして、色の持つイメージの活用方法を探ってみるのもよいでしょう。

- ☑ 色の持つイメージをテーマのイメージとリンクさせる
- ☑ 普遍的な印象を活用する
- ☑ 企業ロゴマークなどを参考にカラーデザインを考えるのも効果的

## 色の持つイメージを知る

それぞれの色が人に与える印象を知ることは、デザインを決める上で重要な手がかりになります。さまざまなビジュアルや特定の色と関わりの深いアイテムなどから、イメージを膨らませてみましょう（p.029参照）。ただし、色を象徴として使用する場合は、普遍的に浸透しているイメージとあまりかけ離れないようにする注意が必要です。

**赤** 情熱 / 元気 / ポジティブ

**黄** 幸運 / 活発 / クリエイティブ

**青** 誠実 / 信頼 / インテリジェンス

**緑** 癒し / 健康 / リラックス

## 訴求ポイントを決める

デザインのヒントになるキーワードを書き出します。ここでは、ワインの広告を例に考えてみましょう。ひとくちにワインの広告といっても、切り取り方、売り出し方はさまざま。思いつく限りの訴求ポイントを洗い出してみましょう。その上で、書き出したキーワードのなかから高めたいイメージを選びます。

有名産地
赤ワイン
手の届く価格帯
香り高い
口当たり
高品質
健康に良い

## テーマに合う色をつくる

訴求ポイントが決まったら、どんな色がそのテーマをよりイメージさせることができるか連想します。まずは「赤ワイン」から想像される、赤を基準に考えてみます。高めたいイメージが「高品質」であれば明度と彩度を下げた深みのある色へ、「健康に良い」という点を高めるのであれば、健康を連想させナチュラルなイメージも与えられる緑なども組み合わせて使用する…というように配色プランを詰めていきましょう。使用する色も、実際の商品の色に寄せるなど、伝えたいイメージを絞りこみながら、思い描く色へと調整します。

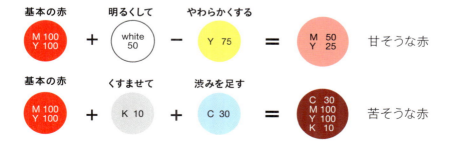

>>> Sample

| Who | What | | Case |
|---|---|---|---|
| 30〜60代男女 | 上質なワインを味わってほしい | × | ワインの広告 |

ワインの上質なイメージを伝える、落ち着いたトーンのデザインです。深い味わいを思い起こさせるような色で印象づけ、白ヌキ文字との組み合わせで、雰囲気を崩すことなく全体をまとめています。

## 作例カラー

| C 15 | R 76 | C 0 | R 118 | C 10 | R 196 | C 55 | R 42 |
|---|---|---|---|---|---|---|---|
| M 70 | G 23 | M 0 | G 116 | M 90 | G 49 | M 60 | G 25 |
| Y 65 | B 6 | Y 25 | B 95 | Y 70 | B 56 | Y 20 | B 51 |
| K 80 | | K 68 | | K 15 | | K 80 | |
| #4C1706 | | #76745F | | #C43138 | | #2A1933 | |

| C 0 | R 164 | C 0 | R 102 |
|---|---|---|---|
| M 100 | G 0 | M 0 | G 100 |
| Y 73 | B 32 | Y 0 | B 100 |
| K 40 | | K 75 | |
| #A40020 | | #666464 | |

深いトーンの大人びた配色。キャッチコピー部分にのみ、明度を上げた赤を入れることで、同系色のなかでもワンポイントとして効果を発揮しています。

## 深いグラデーションで上質感を

ワインをイメージした深い赤から、濃密な空間を演出する紺のグラデーションが、全体の上質感を高めています。この帯によりセパレーション効果(p.050参照)も生まれ、左のメインビジュアルがより引き立っています。

## >>> Sample

- **Who**: 20〜40代女性
- **What**: 気軽にワインを楽しんでもらいたい
- **Case**: ワインの広告

ターゲットを女性に定め、淡めの爽やかな色合いで目を惹きつけるデザインに仕上げています。手軽に楽しめるワインという親しみやすさを前面に押し出し、明るく可愛らしい雰囲気を演出しています。

### 作例カラー

| C 0 | C 15 | C 30 | C 0 | C 0 |
| M 22 | M 0 | M 75 | M 90 | M 0 |
| Y 0 | Y 0 | Y 30 | Y 30 | Y 0 |
| K 0 | K 0 | K 0 | K 0 | K 68 |
| R 250 | R 223 | R 185 | R 118 | |
| G 217 | G 242 | G 90 | G 116 | |
| B 231 | B 252 | B 126 | B 95 | |
| #FAD9E7 | #DFF2FC | #B95A7E | #76745F | |

C 0　R 102
M 0　G 100
Y 0　B 100
K 75
#666464

爽やかなワインの香りが漂ってくるような、パステルカラーの配色を基本にしています。商品ロゴと文字要素には深めの赤を使用することで、ワインの広告という印象を強めています。

### 爽やかな色使いのパターン

寒色で引き締めたパターンを使うことで、デザインに爽やかさが生まれます。パステルカラーのパターンはポップかつやわらかい印象を与え、ターゲットが思わず商品を手に取りたくなるように仕掛けています。

同系色のパターンも可愛らしさは演出できますが、爽やかな印象にはなりません。寒色を取り混ぜることで、爽やかな口当たりの飲みやすいワインといったイメージを高めることができます。

# ターゲットに合わせる

年齢やライフスタイルによって、好む色やトーンは変わってきます。どのような色がどんな属性の人に効果的に響くのかを知り、ターゲットに合わせたデザインを考えてみましょう。

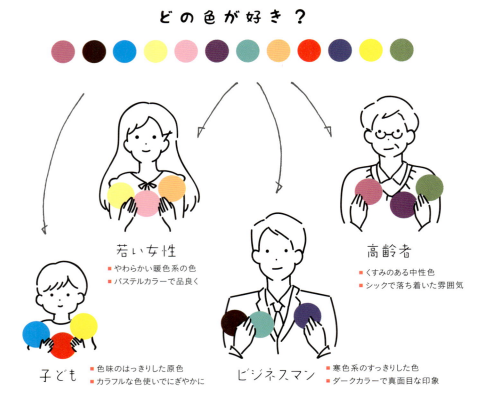

赤は、子どもに人気のある代表色。その他、黄色や青など、はっきりした原色を好みます。ピンクなどのフェミニンな色合いは若い女性、ビジネスの場にふさわしいクールな寒色はビジネスマンに多く好まれます。年齢が上がるにつれ、明度や彩度の低い落ち着いた色を好むようになっていきます。

- ☑ ターゲットによって好む色やトーンは変化する
- ☑ ターゲットを絞ることでデザインに使用する色も決まる

## 色の好みや流行を探る

子ども、特に幼児の目は、まだ機能が十分に発達していないため、わずかな色の差を見分けるのが難しいとされています。そのため、赤や黄色などのはっきりした原色を好む傾向があります。子ども向けのデザインやキャラクターに、赤や黄色の配色が多いのは、これが理由のひとつです。

普遍的なイメージとして、男性的・女性的な色も存在します。一般に浸透している色合いを使用することで、過度に説明することなく意図を伝えることもできます。もちろん、年代や性別によって、好む色は変化します。ファッションの流行なども参考にしながら、ターゲットに適した色を探ってみましょう。

子ども向けのおもちゃははっきりとした原色でつくられているものが多くあります。

トイレの標識に代表されるように、赤は女性・青は男性の意味を持っています。

## 目的を明確にする

素材やテーマが同じでも、ターゲットによって配色は当然、異なります。子ども用携帯電話の広告を例に考えてみても、アピールしたいのは子どもへ向けてなのか、保護者に向けてなのかで大きくデザインと配色が違ってきます。

誰に（who）なにを（what）伝えたいかを明確にし、どのような（how）色が適しているのかを見極めることが重要です。

子ども用
携帯電話の広告

子ども（所有者）が
ターゲット

保護者（購入者）が
ターゲット

---

### MEMO

**国や地域で変わる色のイメージ**

国や地域の独特の文化によって、色の捉え方やイメージは変わります。例えば、日本の虹は7色とされていますが、世界には多いと8色、少ないところでは2色とする地域もあります。祭事や弔事に使用される色も文化によって異なるため、国際的なターゲットを設定する場合には留意しましょう。

**赤**
中国では結婚衣装に使われるおめでたい色。一方で、南アフリカでは喪を意味します。

**黄**
中国では皇帝を象徴する高貴な色、エジプトでは喪の色とされます。人種差別と結びつく色と考える地域も。

**緑**
イスラム教文化圏では畏敬の対象となっているのに対し、西洋では敬遠されてきた歴史もあります。

>>> Sample

| Who | What | | Case |
|---|---|---|---|
| 小学生 | 楽しそうだからほしい！と思わせたい | × | 子ども用携帯電話広告 |

おもちゃの広告のような楽しげなデザインでターゲットの興味をぐっと惹きつけます。大きく配置したイメージキャラクターと、大胆に地に敷いた黄色がアイキャッチとなり、ワクワク感を高めています。

## 作例カラー

| C 0 | C 0 | C 0 | C 100 |
|---|---|---|---|
| M 100 | M 0 | M 50 | M 100 |
| Y 100 | Y 100 | Y 100 | Y 0 |
| K 0 | K 0 | K 0 | K 20 |
| R 230 | R 255 | R 243 | R 24 |
| G 0 | G 241 | G 152 | G 32 |
| B 18 | B 0 | B 0 | B 120 |
| #E60012 | #FFF100 | #F39800 | #181878 |

鮮やかな原色を使用したインパクトのある配色。背景色の黄色に対して補色の青を深めの色で入れることで、鮮やかな印象は崩さずに、全体のバランスを整えています。

C 50　R 143
M 0　　G 195
Y 100　B 31
K 0
#8FC31F

## 鮮やかな色で魅力的に

大胆に使用した鮮やかな色合いがパッと目に飛び込んできます。背景のドットパターンと大きく配置したキャラクターが、コミカルで楽しげな印象を強めています。カラフルなビジュアルを際立たせるよう、使用する色数は限定しつつも、補色を効果的に使用してメリハリのあるデザインに仕上げています。

青を深めの色にすることで全体が軽くなりすぎず、デザインに適度な重みを与えています。

>>> Sample

| Who | What | | Case |
|---|---|---|---|
| 保護者 | 安心感を与えたい | × | 子ども用携帯電話広告 |

PART 5 くらべる配色プラン集

やわらかなベビーカラーを使用して、「安心」を前面に押し出しています。保護者が子どもに持たせたいと思うような落ち着いたデザインで、商品の可愛らしさだけでない信頼感を備えています。

## 作例カラー

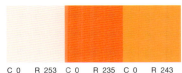

| C 0 | C 0 | C 0 |
|---|---|---|
| M 10 | M 75 | M 50 |
| Y 8 | Y 100 | Y 100 |
| K 0 | K 0 | K 0 |
| R 253 | R 235 | R 243 |
| G 238 | G 97 | G 152 |
| B 232 | B 0 | B 0 |
| #FDEEE8 | #EB6100 | #F39800 |

C 50 M 50 Y 60 K 25
R 122 G 106 B 86
#7A6A56

ベースを優しい暖色でまとめた配色。一部にはっきりとしたオレンジを入れることで、ポイントにしています。文字色もやわらかさを残しつつ、濃い色を使用して可読性を保っています。

## ベビーカラーで安心感を

ベビーカラーは赤ちゃんの肌を連想させるようなやわらかな色のことをいい、優しげなデザインに仕上がります。ただし、ベビーカラーだけで構成してしまうと全体がぼけてしまうため、ところどころにはっきりとした色を使用し、デザインを引き締めましょう。

彩度と明度がともに高いベビーカラーのみでは目線の引っかかるポイントがないため、彩度や明度を落とした色と組み合わせてバランスをとります。

02 ターゲットに合わせる

# 心理効果を利用する

プラン 03

色はイメージを喚起するだけでなく、実際に人の心理や影響を与える力を持っています。この効果をうまく活用することで、読み手の心に変化を起こさせるデザインをつくることができます。

## 代表的な心理効果

### 赤の効果

元気な色の代表格。食欲を増進させたり、興奮させる作用があります。

### 青の効果

鎮静作用を持つ色。入眠効果や、食欲を減退させる効果もあります。

### 黄・オレンジの効果

明るい気分を盛り上げる色。黄は胃の、オレンジは腸への消化作用も持ちます。

### 緑の効果

目の疲れを緩和する癒しの色。リラックス・ヒーリング効果があります。

人は無意識下で色の影響を受けます。赤い部屋では、たとえ目をつむっていても体温や心拍数、血圧が上昇するとの実験結果もあります。意識して見ることで、より顕著にその効果は身体に現れます。日々のファッションや部屋のカラーコーディネートにも、色の心理効果を利用してみましょう。

- ☑ 色が人の心理に影響を与える効果を知り、デザインに生かす
- ☑ 読み手の心理に訴えかけるデザインをつくることが可能に

# 色の心理効果を知る

右の12色相環は、大きく暖色・寒色・中性色に分けることができます。暖色はその名のとおり暖かさを感じさせて気分を高揚させ、心拍数や血圧を上げる効果があります。反対に寒色は冷たさを感じさせて気分を落ち着かせる作用があります。その効果をもっとも発揮するのが暖色では赤、寒色では青になり、色相が変化するにつれ効果も穏やかになっていきます。

中性色は暖かさや冷たさは感じず、ニュートラルでバランスのとれた状態をイメージさせます。自然の色と結びつきやすい緑は、平和を象徴することも多くあります。紫は赤と青の中間として、どちらの性質も受け継いでおり、感性を高めてインスピレーションを得やすい色とされています。

赤い部屋に入ると、無意識のうちに体温や心拍数、血圧が上昇します。

青い皿ダイエットは、寒色の食欲減退効果を利用したものです。

# トーンで効果を調整

同じ色相の配色でも、トーンに変化をつけることで異なる心理効果を与えることができます。例えば暖色のなかでも、彩度を落とした赤には、鮮やかな赤ほどの興奮作用はありません。反対に寒色の青は、彩度を落とした色のほうが鎮静作用を強く発揮します。色相とトーンの組み合わせで効果の強さをコントロールし、適した配色を探りましょう。

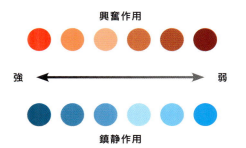

## MEMO

### 美味しそうな色に補正する

色による心理効果は、ビジュアル素材を補正する際にも活用できます。右のピザの例では背景の暖色により食欲を刺激していますが、ビジュアルが少し弱い印象です。Photoshopの[カラーバランス]で赤みを足して青みを減らすことで、背景とよりなじんだ美味しそうなピザになります。スライダーの微調整で不自然でない色に整えましょう。

>>> Sample

| Who | What | | Case |
|---|---|---|---|
| 20〜40代男性 | ジムでばりばり鍛えてほしい | × | フィットネスWebサイト |

やる気をかき立てる赤をベースにまとめたデザイン。ビジュアルの力強さとはっきりとした赤のメインロゴが互いを引き立てあい、迫力を与えています。

## 作例カラー

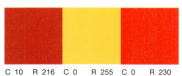

| C 10 | R 216 | C 0 | R 255 | C 0 | R 230 |
| M 100 | G 12 | M 10 | G 226 | M 100 | G 0 |
| Y 100 | B 24 | Y 95 | B 0 | Y 100 | B 18 |
| K 0 | | K 0 | | K 0 | |
| #D80C18 | | #FFE200 | | #E60012 | |

C 0  R 63
M 20 G 47
Y 0  B 51
K 90
#3F2F33

赤をメインカラーに、差し色として黄を使用した情熱的な配色。使用している黒にも少しマゼンタを加えることで、全体の色味に統一感を持たせています。

## 情熱を高める赤

メインに使用している赤は、情熱や力強さを感じさせるために少しだけシアンを足してくすませています。ワンポイントの黄色も同様に少しくすませ、男性らしさを演出しています。対して、黄色のアイコン内の赤い文字は、くすませないビビッドな赤を使用することで可読性を高めています。

左のビビッドな赤には、軽やかさも感じられます。右のくすませた赤にすることで、重厚さが生まれます。

>>> Sample

| Who | What | Case |
|---|---|---|
| 20〜40代女性 | 癒しの空間として利用してほしい | フィットネスWebサイト |

PART 5 くらべる配色プラン集

全体を緑でまとめ、健康的な癒しの空間であることを感じさせています。左側の「NEW STUDIO OPEN！」のアイコンに深めの緑を使用して、目線の引っかかりとなるワンポイントをつくっています。

03 心理効果を利用する

## 作例カラー

| C 45 | R 157 | C 50 | R 143 | C 68 | R 73 |
| M 0 | G 200 | M 0 | G 195 | M 0 | G 168 |
| Y 100 | B 21 | Y 100 | B 31 | Y 100 | B 47 |
| K 0 | | K 0 | | K 10 | |
| #9DC815 | | #8FC31F | | #49A82F | |

| C 15 | R 203 |
| M 50 | G 138 |
| Y 50 | B 111 |
| K 10 | |
| #CB8A6F | |

リラックスした雰囲気を感じさせる緑でまとめた配色。ナチュラルな茶色をポイントで入れることで全体のバランスを崩すことなく「体験レッスン」に誘導するボタンを目立たせています。

### 透かし効果で印象を高める

メインロゴの[描画モード]を[乗算]にして(p.130参照)日差しに透ける木々の葉のようなやわらかな印象を与えます。白は乗算にすると見えなくなってしまうため、不透明度を下げることで同じような見え方に調整します。また、デザイン下部の緑のグラデーションも同じく乗算にすることで、違和感なく緑をなじませています。

# ビジュアルと調和させる

写真やイラストなどのビジュアル素材は、それのみでも強いメッセージ性を持っています。ビジュアルから抽出した配色を使用することで印象がより高まり、デザイン全体にも自然と調和が生まれます。

**参考例**

### ビジュアルに合わせる

メインビジュアルの色に合わせたデザインは、全体の雰囲気がまとまります。

### 配色のみを利用

ビジュアルがなくても、抽出色を使って配色することでイメージを伝えられます。

### 1色を取り入れる

キーカラーとなる1色を抜き出して使用することで、ビジュアルとリンクさせる。

### デザインで色を見せる

モノトーンのビジュアルと、元の素材から抽出した色で印象的なデザインに。

メインビジュアルに個性的で象徴的な色が含まれている場合に特に有効な配色方法です。最近では、ビジュアルの色から自動でバランスのとれた色を抽出するWebサービスなども数多く存在し、ますますデザインに活用しやすくなっています。

- ☑ ビジュアルの色をデザインに取り入れることで、統一感が生まれる
- ☑ ビジュアルそのもののメッセージ性も強調できる

## 特徴的なビジュアルを活用

特徴的なビジュアルから色を抽出すれば、その配色だけで世界観を表現することができます。例えば、四季をイメージした配色をつくりたい場合、季節の特徴がよくわかるビジュアルから色を選ぶことで、容易にカラーパレットをつくることが可能になります。色を選び取る際にPhotoshopやIllustratorの**[スポイトツール]**を使用する場合には、CMYKの数値は小数点以下を切り捨てて整数に調整することで、データ上でも、デザインとしても美しい仕上がりになります。

## 色の取捨選択をする

魅力的な色を多く含むビジュアルを元にする場合、ついたくさんの色を使ってデザインしたくなりますが、あまり多くの色を使用するとまとまりがなくなってしまいます。ビジュアルのキーとなっている色やメインカラーにしたい色を中心に、色数は多くても5～6色に留めましょう。また、ビジュアルの色の比率を割り出して、配色の比率に利用するという手段もあります。

抽出色　　　　　　　　　　使用色

---

### ─ MEMO ─

#### 独自のカラーパレットをストックする

Adobeが提供しているスマートフォン用アプリ「Adobe Capture CC」（p.037参照）を利用すると、写真などのビジュアルから作成したカラーパレットをライブラリに保存することで、そのままIllustratorで使用することが可能になります。日頃から、撮りためた写真や素敵だと思うデザインから、カラーパレットをたくさん作成しておくとデザインの選択肢が広がります。

>>> Sample

| Who | What | | Case |
|---|---|---|---|
| 20〜40代男女 | レトロな雰囲気を感じさせたい | × | イベントフライヤー |

ビジュアルのネイルカラーから抽出した3色で、にぎやかにデザインしています。アクセントカラーとして、サングラスの縁部分から水色を使用し、インフォメーション部分に注目が集まるよう仕向けています。

## 作例カラー

| C 29　R 185 | C 45　R 159 | C 55　R 125 |
| M 100　G 21 | M 20　G 175 | M 100　G 21 |
| Y 60　B 73 | Y 100　B 29 | Y 30　B 97 |
| K 0 | K 0 | K 15 |
| #B91549 | #9FAF1D | #7D1561 |

C 60　R 94
M 10　G 183
Y 0　B 232
K 0
#5EB7E8

ネイルカラーから抽出した3色を中心とした配色。ビジュアルのレトロな雰囲気となじむよう、くすませたものを使用しています。差し色の1色のみ、あえて目立たせるためビビッドな色味に調整しています。

## 時代を反映する配色

それぞれの時代の流行色を使うことで、当時の世界観をイメージさせることが可能です。表現したい年代のカルチャーやファッション、デザインなどから配色のヒントを見つけましょう。

50〜60年代

80〜90年代

>>> Sample

| Who | What | Case |
|---|---|---|
| 30〜50代男女 | 和の荘厳さを伝えたい | 文芸誌の特集ページ |

PART 5 くらべる配色プラン集

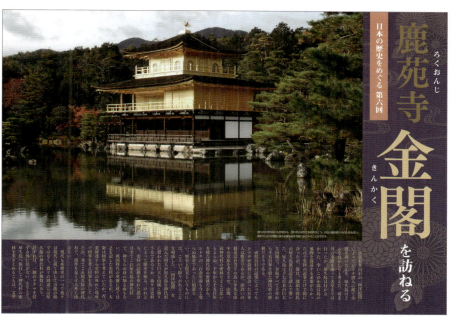

ビジュアルのメインである金閣の色を生かした配色でデザインしています。全体に紫の地を敷くことでコントラストが強まり、伝統と豪華絢爛な金閣を読み手にイメージさせています。

04 ビジュアルと調和させる

## 作例カラー

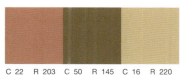

| C 22  R 203 | C 50  R 145 | C 16  R 220 |
| M 59  G 126 | M 57  G 114 | M 27  G 190 |
| Y 54  B 105 | Y 80  B 69  | Y 49  B 138 |
| K 0         | K 4         | K 0         |
| #CB7E69     | #917245     | #DCBE8A     |

C 80  R 72
M 86  G 54
Y 50  B 87
K 17
#483657

建造物から抽出した色を参考に和色を選んだ配色。上段左から「洗朱（あらいしゅ）」「朽葉色（くちばいろ）」「枯色（かれいろ）」下段「深紫（ふかむらさき）」。

※本書ではCMYK値を元にIllustratorで変換した数値を記載しています。参考のWebサイト記載のRGB値及び16進数コードとは異なる場合があります。

## 伝統を感じさせる配色

日本独自の伝統色（和色）を使用することで、和のイメージを高める配色をつくることができます。ここでは歴史建造物に合わせて和色を使用していますが、ビジュアルに合わせた特徴ある色を使用するといった手法もあります。

和色が探せる「和色大辞典」（https://www.colordic.org/w/）。「洋色大辞典」もあります。

# 付録

## カラーチャート

( 基本色チャート/特色掛け合わせチャート )

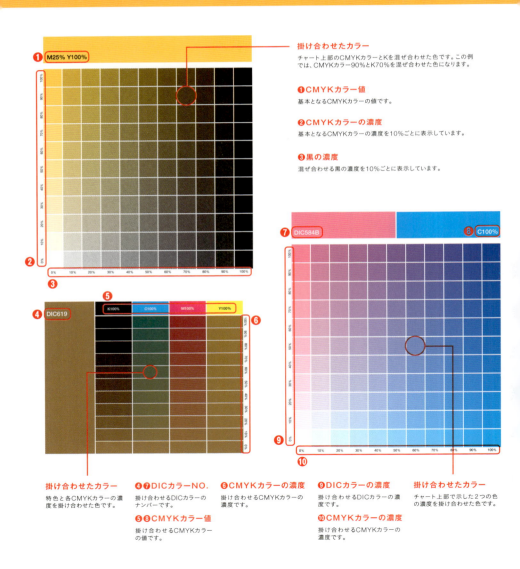

付録
カラーチャート

基本色チャート

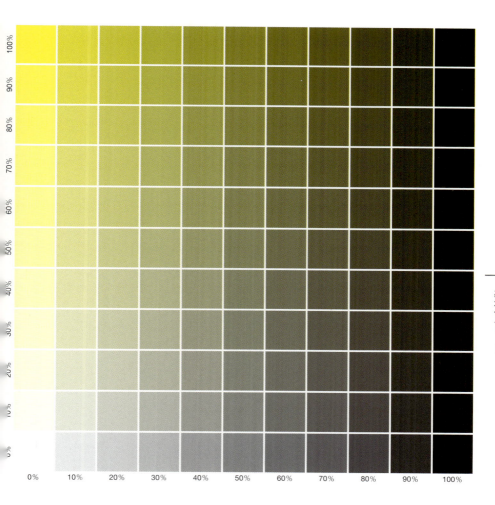

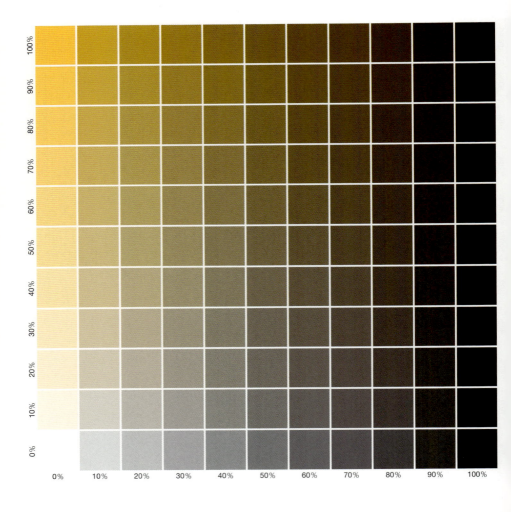

付録 カラーチャート

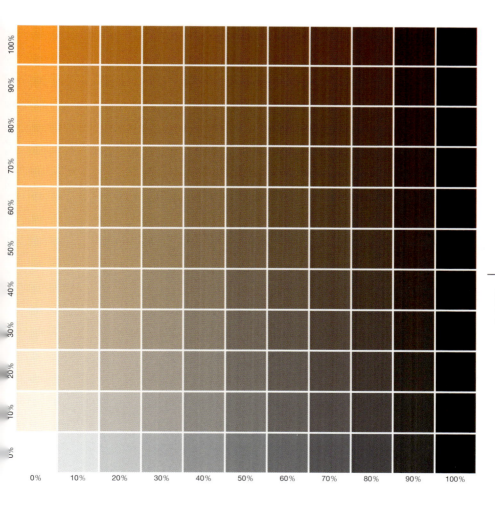

基本色チャート

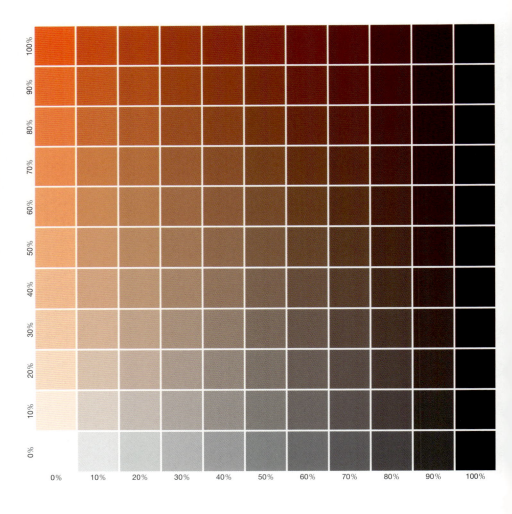

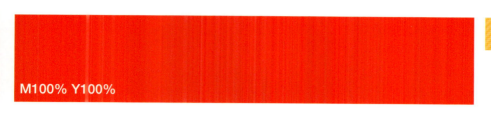

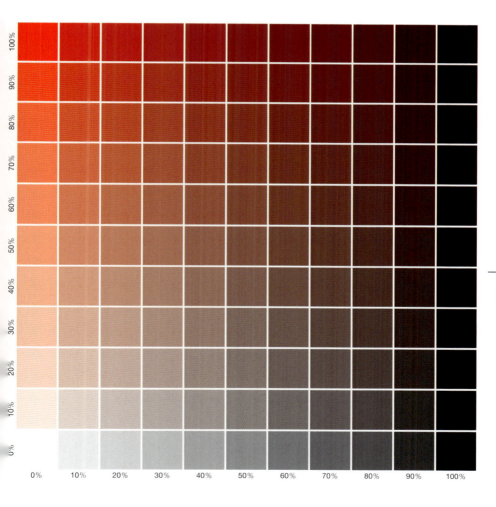

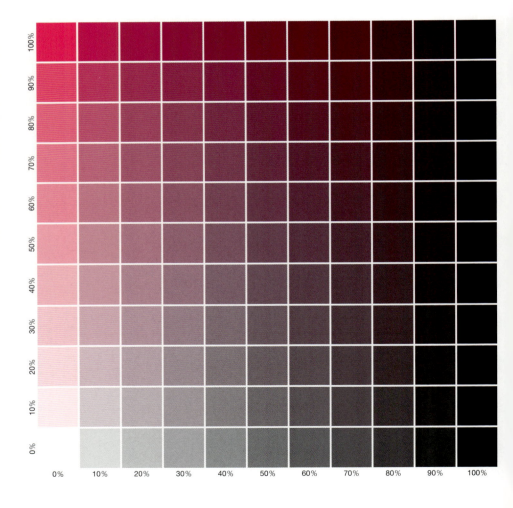

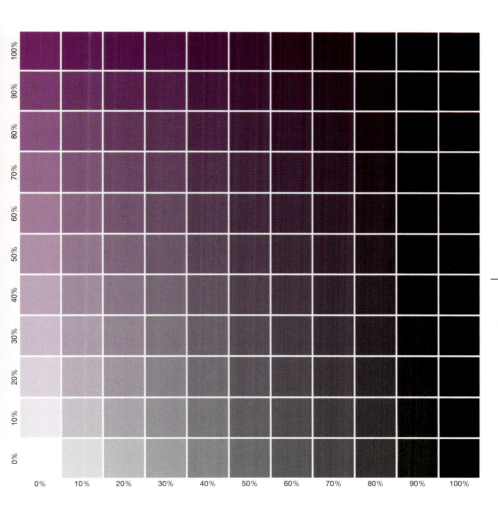

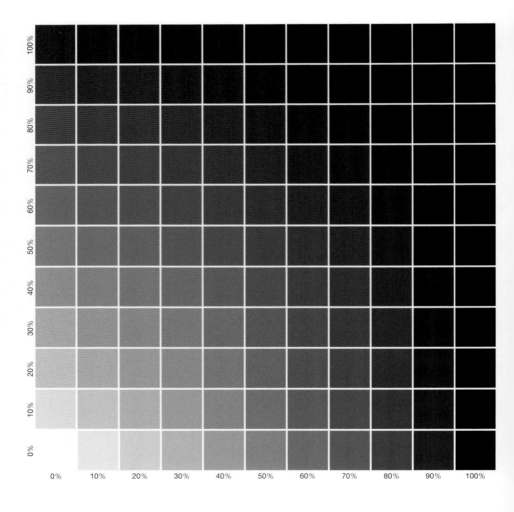

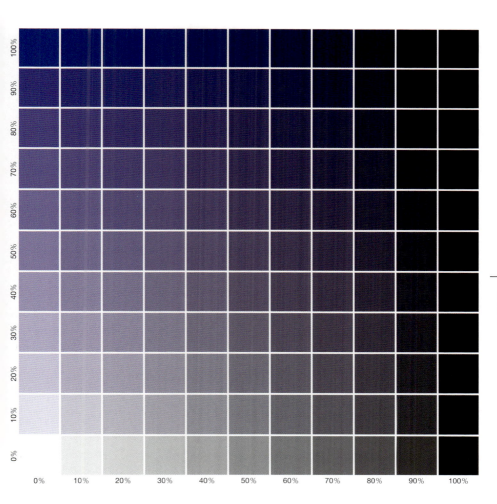

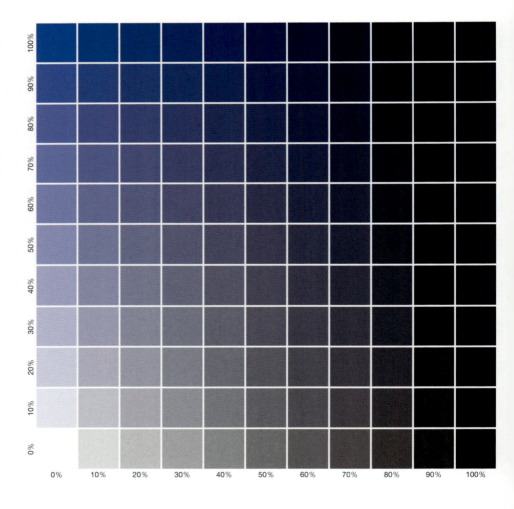

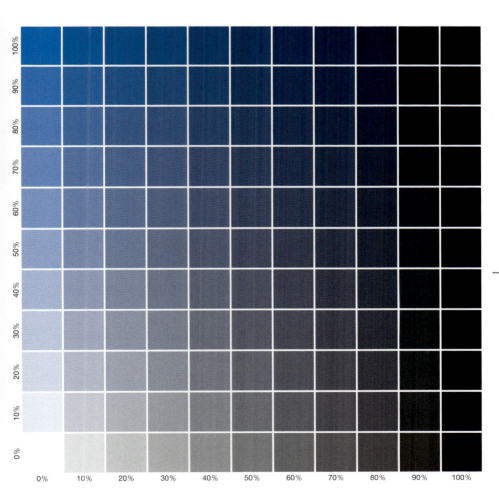

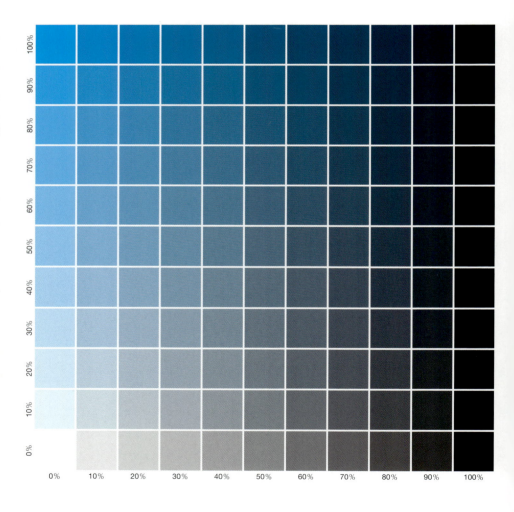

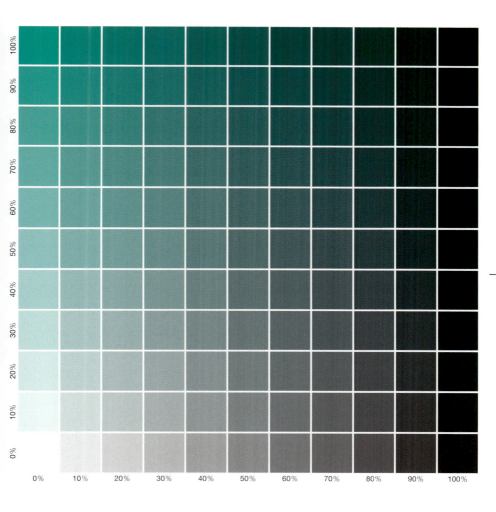

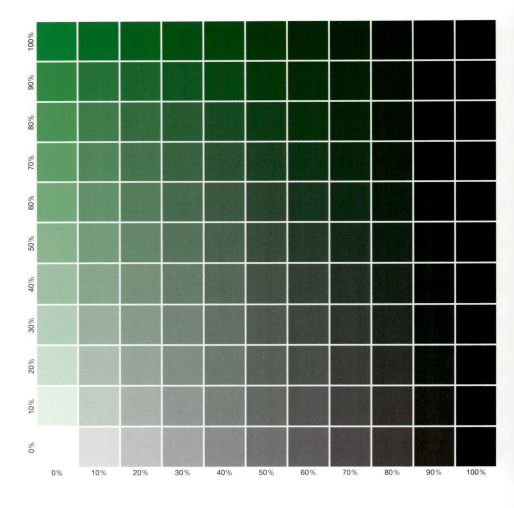

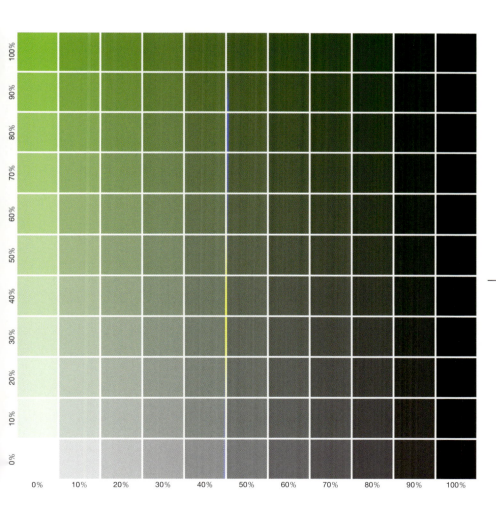

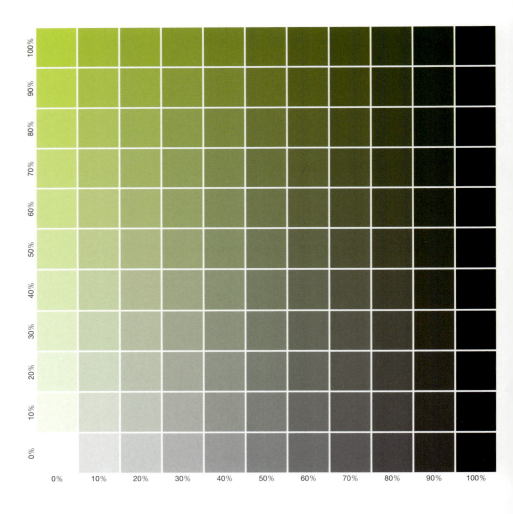

# DIC619

| | K100% | C100% | M100% | Y100% |
|---|---|---|---|---|
| 100% | | | | |
| 90% | | | | |
| 80% | | | | |
| 70% | | | | |
| 60% | | | | |
| 50% | | | | |
| 40% | | | | |
| 30% | | | | |
| 20% | | | | |
| 10% | | | | |
| 0% | | | | |

付録 カラーチャート

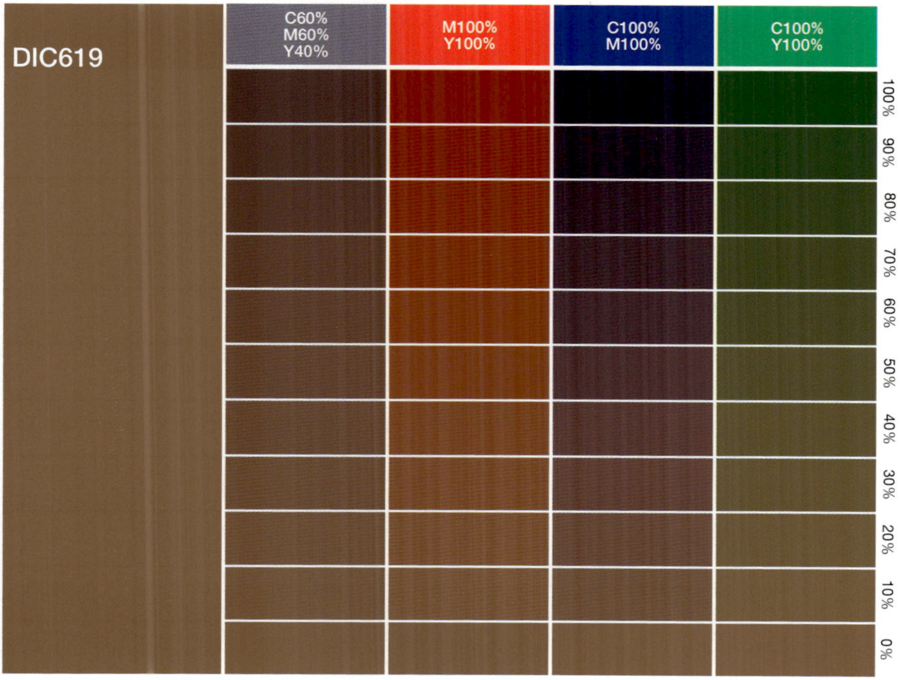

# DIC619

| | C60% M60% Y40% | M100% Y100% | C100% M100% | C100% Y100% |
|---|---|---|---|---|
| 100% | | | | |
| 90% | | | | |
| 80% | | | | |
| 70% | | | | |
| 60% | | | | |
| 50% | | | | |
| 40% | | | | |
| 30% | | | | |
| 20% | | | | |
| 10% | | | | |
| 0% | | | | |

特色掛け合わせチャート

# DIC619

| | C75% M100% Y25% | C50% M100% Y50% | C25% M100% Y75% | C20% M80% Y20% |
|---|---|---|---|---|
| 100% | | | | |
| 90% | | | | |
| 80% | | | | |
| 70% | | | | |
| 60% | | | | |
| 50% | | | | |
| 40% | | | | |
| 30% | | | | |
| 20% | | | | |
| 10% | | | | |
| 0% | | | | |

# DIC619

| | C100% M75% Y25% | C100% M60% | C100% M30% | C100% Y30% |
|---|---|---|---|---|
| 100% | | | | |
| 90% | | | | |
| 80% | | | | |
| 70% | | | | |
| 60% | | | | |
| 50% | | | | |
| 40% | | | | |
| 30% | | | | |
| 20% | | | | |
| 10% | | | | |
| 0% | | | | |

## DIC619

| | C100% M50% Y50% | C100% Y60% | C75% Y100% | C50% Y100% | |
|---|---|---|---|---|---|
| | | | | | 100% |
| | | | | | 90% |
| | | | | | 80% |
| | | | | | 70% |
| | | | | | 60% |
| | | | | | 50% |
| | | | | | 40% |
| | | | | | 30% |
| | | | | | 20% |
| | | | | | 10% |
| | | | | | 0% |

付録 カラーチャート

## DIC619

| | C70% M40% Y70% | C40% Y60% | C60% Y40% | C25% Y100% | |
|---|---|---|---|---|---|
| | | | | | 100% |
| | | | | | 90% |
| | | | | | 80% |
| | | | | | 70% |
| | | | | | 60% |
| | | | | | 50% |
| | | | | | 40% |
| | | | | | 30% |
| | | | | | 20% |
| | | | | | 10% |
| | | | | | 0% |

特色掛け合わせチャート

**DIC619**

| | C40% M70% Y70% | M75% Y100% | M50% Y100% | M25% Y100% | |
|---|---|---|---|---|---|
| | | | | | 100% |
| | | | | | 90% |
| | | | | | 80% |
| | | | | | 70% |
| | | | | | 60% |
| | | | | | 50% |
| | | | | | 40% |
| | | | | | 30% |
| | | | | | 20% |
| | | | | | 10% |
| | | | | | 0% |

**DIC619**

| | C80% M80% Y20% | C60% M40% | C40% M60% | M80% Y40% | |
|---|---|---|---|---|---|
| | | | | | 100% |
| | | | | | 90% |
| | | | | | 80% |
| | | | | | 70% |
| | | | | | 60% |
| | | | | | 50% |
| | | | | | 40% |
| | | | | | 30% |
| | | | | | 20% |
| | | | | | 10% |
| | | | | | 0% |

# DIC621

| | K100% | C100% | M100% | Y100% | |
|---|---|---|---|---|---|
| | | | | | 100% |
| | | | | | 90% |
| | | | | | 80% |
| | | | | | 70% |
| | | | | | 60% |
| | | | | | 50% |
| | | | | | 40% |
| | | | | | 30% |
| | | | | | 20% |
| | | | | | 10% |
| | | | | | 0% |

付録 カラーチャート

# DIC621

| | C60% M60% Y40% | M100% Y100% | C100% M100% | C100% Y100% | |
|---|---|---|---|---|---|
| | | | | | 100% |
| | | | | | 90% |
| | | | | | 80% |
| | | | | | 70% |
| | | | | | 60% |
| | | | | | 50% |
| | | | | | 40% |
| | | | | | 30% |
| | | | | | 20% |
| | | | | | 10% |
| | | | | | 0% |

特色掛け合わせチャート

# DIC621

| C75% M100% Y25% | C50% M100% Y50% | C25% M100% Y75% | C20% M80% Y20% |

100%, 90%, 80%, 70%, 60%, 50%, 40%, 30%, 20%, 10%, 0%

# DIC621

| C100% M75% Y25% | C100% M60% | C100% M30% | C100% Y30% |

100%, 90%, 80%, 70%, 60%, 50%, 40%, 30%, 20%, 10%, 0%

# DIC621

| | C100% M50% Y50% | C100% Y60% | C75% Y100% | C50% Y100% | |
|---|---|---|---|---|---|
| | | | | | 100% |
| | | | | | 90% |
| | | | | | 80% |
| | | | | | 70% |
| | | | | | 60% |
| | | | | | 50% |
| | | | | | 40% |
| | | | | | 30% |
| | | | | | 20% |
| | | | | | 10% |
| | | | | | 0% |

付録 カラーチャート

# DIC621

| | C70% M40% Y70% | C40% Y60% | C60% Y40% | C25% Y100% | |
|---|---|---|---|---|---|
| | | | | | 100% |
| | | | | | 90% |
| | | | | | 80% |
| | | | | | 70% |
| | | | | | 60% |
| | | | | | 50% |
| | | | | | 40% |
| | | | | | 30% |
| | | | | | 20% |
| | | | | | 10% |
| | | | | | 0% |

特色掛け合わせチャート

## DIC621

| | C40% M70% Y70% | M75% Y100% | M50% Y100% | M25% Y100% |
|---|---|---|---|---|
| 100% | | | | |
| 90% | | | | |
| 80% | | | | |
| 70% | | | | |
| 60% | | | | |
| 50% | | | | |
| 40% | | | | |
| 30% | | | | |
| 20% | | | | |
| 10% | | | | |
| 0% | | | | |

## DIC621

| | C80% M80% Y20% | C60% M40% | C40% M60% | M80% Y40% |
|---|---|---|---|---|
| 100% | | | | |
| 90% | | | | |
| 80% | | | | |
| 70% | | | | |
| 60% | | | | |
| 50% | | | | |
| 40% | | | | |
| 30% | | | | |
| 20% | | | | |
| 10% | | | | |
| 0% | | | | |

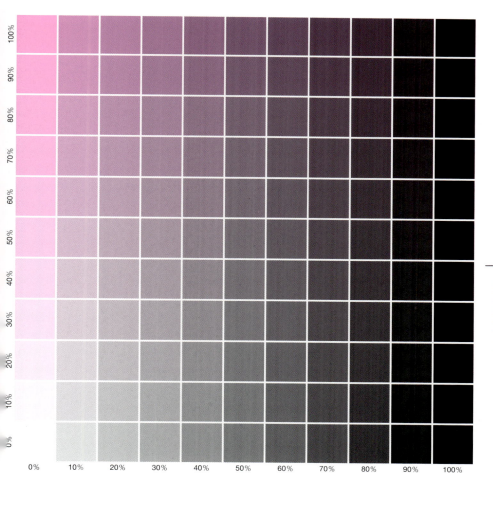

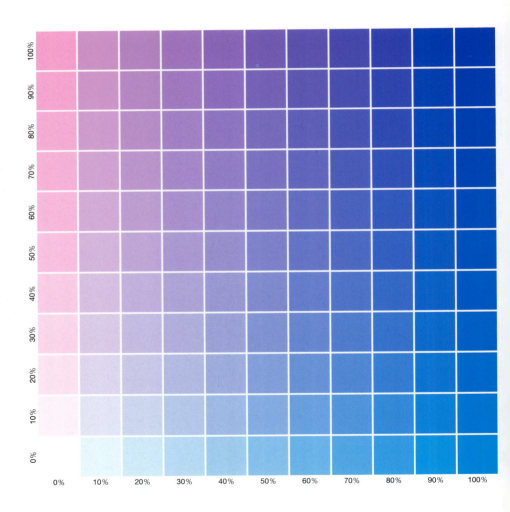

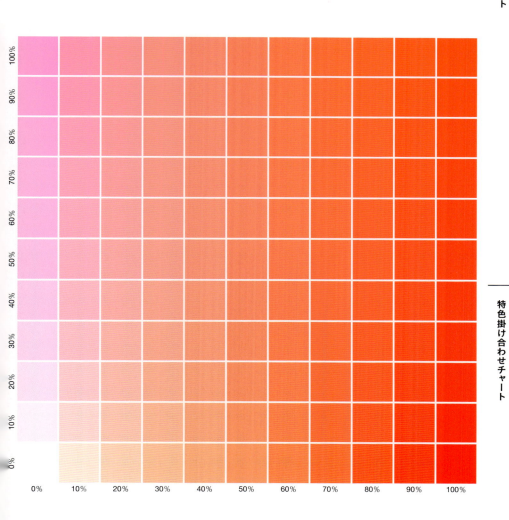

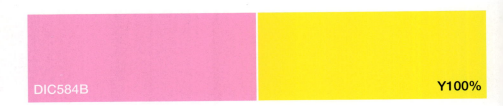
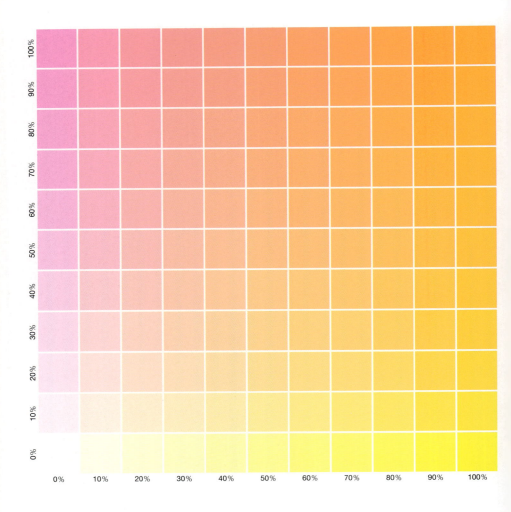

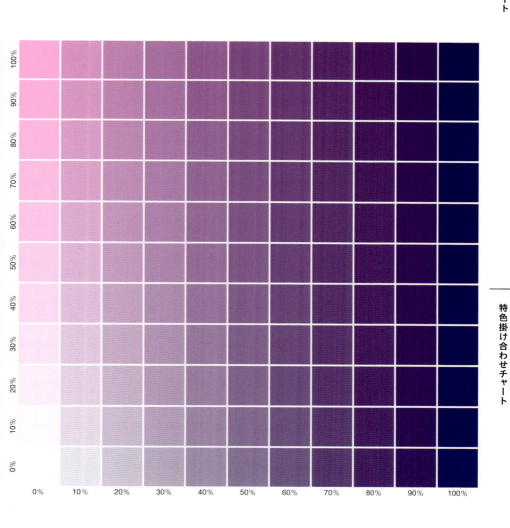

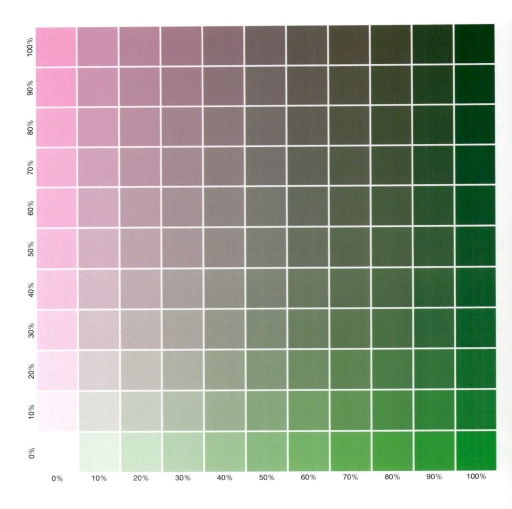

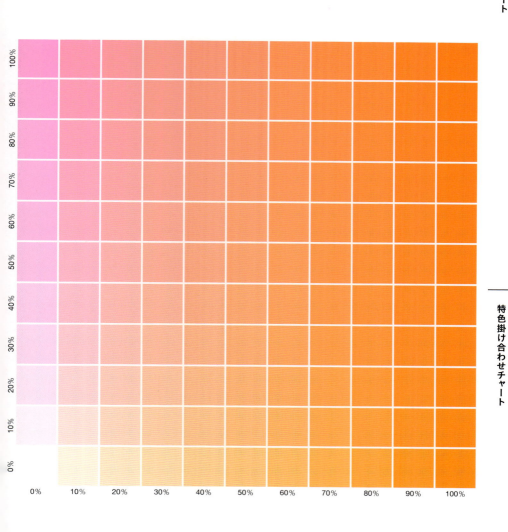

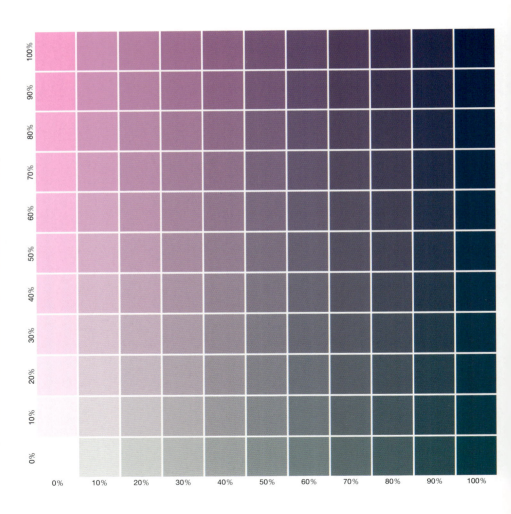

COLUMN

## 効果的な特色の活用

本書掲載の特色（金、銀、蛍光ピンク）は、デザインの現場において多く使用されているインキ色です。実際にどのような方法で特色がデザインに取り入れられているか、その活用方法について紹介します。

### 金と銀の特色をより鮮やかに

金・銀などのパール系の特色インキは、それ自体がとても華やかで特別な印象を与える色です。ですが、やはり特殊なインキのため、紙になじみづらい（印刷業界の言葉にすると「紙に載りづらい」）という点があります。

そのため、金や銀を使用する際には、CMYKのインキで下地を敷くことで、より鮮やかに見せるという方法があります。金インキの下地にはイエロー、銀インキの下地にはKをそれぞれ20％程度の濃さで敷きましょう。特色を単独で使用する場合よりも、鮮やかに印刷することができます。

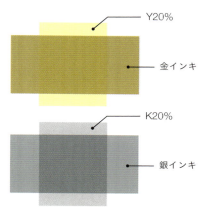

特色インキはオーバープリント設定（p.211参照）をしておくことで、下地のYやKの効果が発揮されます。

### 人物の肌色を美しく見せる

蛍光色は通常のCMYK印刷では出せないインパクトを持つため、書籍や雑誌の表紙やポスターなど、特に目を惹きたいデザインに多く使われます。なかでも蛍光ピンクは、一見すると蛍光色が使われていないようなデザインにおいても、その効果を発揮しています。

その一例が、人物の肌色。通常のCMYK印刷の上に蛍光ピンクの特色版を載せることで、肌色を血色よく鮮やかに表現することができます。このように、特色インキはCMYKと重ねることで、色の鮮やかさを強調する手段としても活用されています。

通常のCMYKに加えて、特色版を追加でつくって重ねることで、人物の肌を鮮やかに印刷できます。

※見え方はイメージです。

# DTPの豆知識

## 01 プロセスカラーと特色

**プロセスカラー**とは4色のインキの組み合わせでさまざまな色を表現すること、あるいはそのようにして表現された色のことです。4色のインキは「CMYK」を指し、それぞれ、C(シアン)、M(マゼンタ)、Y(イエロー)、K(ブラック)です。プロセスカラーではつくることができない蛍光色や金などの色を表現したい場合は**特色**を使用します。プロセスカラーに特色を載せると予期しない色になってしまう場合があるため、金や銀などの特色を使用する場合には注意が必要です。一般的な刷り順はK→C→M→Y→特色のため、特色にヌキ設定や刷り順を指定するなどの対処をしましょう。また、特色を使うことで刷る版の数が増えるため、費用面でも注意が必要です。

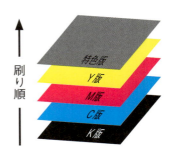

刷り順

## 02 印刷の「黒」の使い分け

印刷における「黒」には、「スミベタ」「リッチブラック」「4色ベタ」の3つの種類があります。印刷の際、スミベタは版ズレを防ぐために「オーバープリント」処理されるため、写真やオブジェクトの上に載せた場合、色が混ざって背景が透けてしまう現象が起きます。そこで、リッチブラックの処理を行うことにより、背景が透けてしまうのを防ぐことができます。4色ベタはインキ濃度が高すぎてインキの乾きが遅くなったり、紙どうしがくっついてしまい、その後の工程で用紙をはがす際に、印刷面がはがれて傷がついてしまうことがあります。このようにトラブルが起きやすくなるのでおすすめできません。黒を設定する際は、それぞれの特徴を生かした使い分けをするようにします。

### スミベタ
細い文字や線などは、くっきりと仕上がります。背景の色が透けてしまう現象が起きます。

C 0%
M 0%
Y 0%
K 100%

### リッチブラック
より深みのある黒が表現できます。細い文字や線などは、にじんで見えてしまうため、あまり適しません。

C 40%
M 40%
Y 40%
K 100%

### 4色ベタ
インキを大量に使うため、トラブルの原因に。

C 100%
M 100%
Y 100%
K 100%

## 03 アミの注意点

オブジェクトのアミ(濃度)は5%以上が目安とされています。5%未満の場合、印刷では白く飛んでしまう可能性が高いので気をつけましょう。

| アミ30% | アミ5% |
| アミ20% | アミ3% |
| アミ10% | アミ1% |

## 04 オーバープリント

オフセット印刷ではK→C→M→Yとインキを順番に重ねていきます。4つの版が同じ位置で重ならない状態を版ズレといいます。わずかなズレでも、白い隙間が目立つため、スミベタ（K100%）で作成された部分は「オーバープリント」の設定を行います。オーバープリントを使用すると、白い隙間の発生を防ぐことができます。一番上に重なったインキがその下のインキに対して透明になるようにできます。Illustratorでは、オーバープリントにしたいオブジェクトを選択し、[属性パネル]で[塗りにオーバープリント]や[線にオーバープリント]にチェックを入れます。

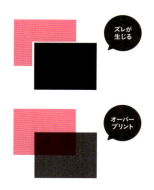

## 05 画像データ形式

**EPS、PSD**
DTPで主に使われる形式です。ただしPSDは、容量が大きいので、必要に応じて使い分けましょう。

**JPEG、PNG**
Webで主流になっています。PNGは背景を透過できます。

WebやデジタルカメラなどでJ一般に扱われているJPEG画像はDTPには向きません。これらの画像はPhotoshopでEPSやPSD形式に保存しなおす必要があります。GIFやPNGなどもCMYKモードに対応しておらず、DTPでは扱いません。Webで扱う画像形式には、JPEG、PNG、GIF、SVGなどがあり、PNG、JPEGが主流になっています。

## 06 インキの総使用量

インキの総使用量とはC版、M版、Y版、K版それぞれのインキの使用量を合計した数値を意味します。印刷時はインキの総使用量が300%以内に収まっているのが理想です。総使用量が高いとインキが乾きづらかったり、にじんでしまう可能性があります。

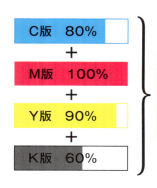

# Illustrator 基本の操作

## ドキュメント設定

### 台紙

[ファイル]メニューから[新規]を選択し、[新規ドキュメント]ウィンドウを開きます。幅と高さ、方向、裁ち落とし、カラーモードを設定します。設定後、[作成]ボタンをクリックすると台紙が表示されます。紙媒体の場合はトンボの設定も必要になるので、ひと回り大きくとりましょう。例えばA4サイズの仕上がりならB4サイズに設定します。

### カラー設定

[ファイル]メニューの[ドキュメントのカラーモード]から[CMYKカラー]もしくは[RGBカラー]を選択できます。

▶ カラーモードの基本

一般的に、紙媒体はCMYKを、ウェブ媒体はRGBを選択します。紙媒体の場合、裁ち落としは天地左右3mmずつとります。

### トンボの作成

画像やオブジェクトを裁ち落としで配置する場合、トンボを作成しておくと作業しやすくなります。■(長方形ツール)でアートボードと同サイズの四角をつくり、[オブジェクト]メニューから[トリムマークを作成]をクリックしてトンボを作成します。

### マージンの設定

レイアウト作業の前に、マージンのガイドラインを作成すると便利です。まず、■(長方形ツール)でアートボードと同サイズの四角をつくります。次に[変形]パネルの基準点の中心を選択します。10mmずつ余白を設けたい場合、長方形ツールで作成したオブジェクトの幅を−20mm、高さを−20mm小さくします。次に[表示]メニューから[ガイド]→[ガイドを作成]を選択すると、オブジェクトがガイドに替わります。これをもとに、マージンを設定してレイアウトしていきます。

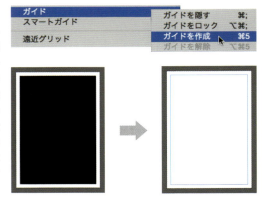

## カラーパネル

### CMYK

[ウィンドウ]メニューから[カラー]を選択し、[カラー]パネルを開きます。CMYKまたはRGBそれぞれのスライダーを動かすか、数値を入力することで色を変更することができます。[カラーパネル]メニューから[反転]や[補色]を選択することで選択中のカラーを反転したり、補色のカラーに変更することもできます。

### RGB

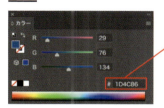

R値 G値 B値

RGBの場合、右下に6桁の数値が表示されています。これは16進数カラーコードといいWebデザインなどで用いる表記です。左からの2桁がR、次の2桁でG、最後の2桁でBの値を意味します。

## 色をつける

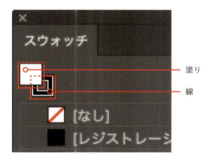

塗り
線

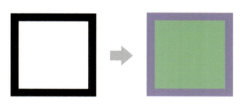

オブジェクトや文字を選択し[カラー]パネルや[スウォッチ]パネルで色をつけることができます。塗りと線をそれぞれ違う色に設定することもできます。

## 特色

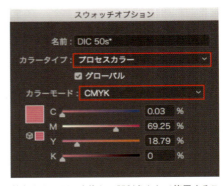

[ウィンドウ]メニューから[スウォッチライブラリ]→[カラーブック]を選択するとさまざまな特色を含んだ[カラーブック]パネルが開きます。使用したい色をクリックするとスウォッチに追加されレイアウトに使用することができます。右下部分に白い三角と黒い点が表示されているものが特色です。

特色をCMYKに変換して擬似色として使用することもできます。変換したい場合、[スウォッチ]パネルメニューから[スウォッチオプション]を選択します。カラーモードを[CMYK]、カラータイプを[プロセスカラー]に設定します。

## スウォッチ

[スウォッチ]パネルに配色したカラーを登録することで、他の文字やオブジェクトにも同じカラーを設定することができます。登録したカラーを編集することもでき、[スウォッチ]パネルの下にある(新規スウォッチ)でスウォッチを追加、(新規カラーグループ)でスウォッチをグループに分けて整理、(スウォッチオプション)でカラータイプやカラーモードの設定などが行えます。

## カラーガイド

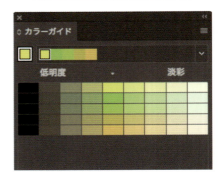

[ウィンドウ]メニューから[カラーガイド]を選択し、[カラーガイド]パネルを開きます。[カラーガイド]パネルでは選択中のカラーを元に、類似色やコントラストなどが一覧で表示されるため、配色に迷ったときなどに役立ちます。

# グラデーション

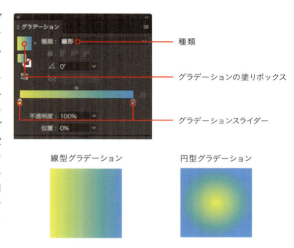

[**ウィンドウ**]メニューから[**グラデーション**]を選択し、[グラデーション]パネルを開きます。左上部分にある[グラデーションの塗りボックス]をクリックすると塗りをグラデーションにすることができます。[グラデーションスライダー]をダブルクリックするとカラーを設定でき、左右に動かすことでグラデーションの位置を変更することができます。種類を[線型]や[円形]などにすることでグラデーションの形を変更することもできます。

# パターンをつくる

配置したオブジェクトをパターンとしてスウォッチに追加することができます。パターンにしたいオブジェクトを選択し、[**オブジェクト**]メニューから[**パターン**]→[**作成**]を選択することでパターンとしてスウォッチに追加でき、カラーと同じように使用することができます。

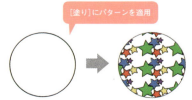

## 共通の色を選択

[**選択**]**メニューの**[**共通**]から条件を選び、該当するものだけをまとめて選択できます。同じ色のオブジェクトを選択したい場合は[カラー(塗り)]をクリックします。同じ色の線のみ選択したい場合は[カラー(線)]をクリックします。この機能により、同じ色を使用している部分を一括で別の色に変更することが可能です。

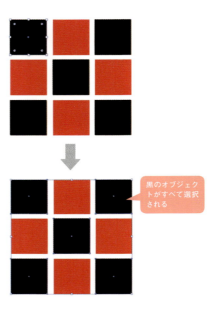

黒のオブジェクトがすべて選択される

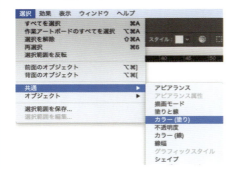

## グローバルカラー

右下に白い三角で[スウォッチ]に表示されたカラーをグローバルカラーといいます。グローバルカラーで塗りを行うことで、その色の数値を変更すると一括で同じ色を使用している部分すべてに色の変更を反映させることができます。[スウォッチ]に追加するときに[グローバル]にチェックを入れることで、グローバルカラーとして使用することができます。

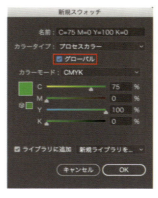

白い三角がついているものがグローバルカラー

## オブジェクトを再配色

[編集]メニューから[カラーを編集]→[オブジェクトを再配色]を選択することで選択中のオブジェクトをまとめてバランスよく再配色することができます。[オブジェクトを再配色]ウィンドウの[編集]をクリックし、**(ハーモニーカラーをリンク)** の状態にします。◎印をマウスでドラッグすることでイメージに合った配色をすることができます。**(ハーモニーカラーのリンクを解除)** の状態にすることでカラーを個別に配色することもできます。

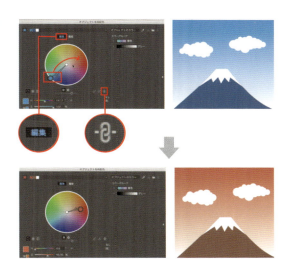

## ライブラリ

モバイルアプリの画面　　ライブラリパネル

スマートフォン用アプリ「Adobe Capture CC」と連動させることでスマートフォンで撮った写真から配色を抽出することができます。「Adobe Capture CC」をインストールし、Illustratorを使用している同じAdobeアカウントでログインします。カメラ機能で写真を撮ることで画面に映る5種類の色を抽出します。Illustratorの**[ウィンドウ]**メニューから**[ライブラリ]**を選択すると[ライブラリ]パネルが開き、抽出した配色をそのままデザインに使用することができます(p.037参照)。

> **Photoshop 基本の操作**

## 基本操作

### 新規ドキュメントを作成

[ファイル]メニューから[新規]を選択し、[新規ドキュメント]ウィンドウを開きます。カンバスサイズの幅と高さ、解像度やカラーモードなどの設定を行えます。

### カンバスサイズ

画像の編集中でもカンバスサイズを変更することができます。[イメージ]メニューから[カンバスサイズ]を選択し、[カンバスサイズ]ウィンドウを開きます。幅や高さの数値を入力することでカンバスサイズを変更できます。

### 画像解像度

[イメージ]メニューから[画像解像度]を選択し、[画像解像度]ウィンドウを開きます。現状の解像度の確認ができ、数値を入力することで解像度を上げることができますが、その場合はカンバスサイズが小さくなります。

### カラーモード

[イメージ]メニューから[モード]で画像のカラーモードを変更することができます。1色にしたい場合は[グレースケール]、Webなどに使用する場合は[RGB]、印刷物の場合は[CMYK]など用途に合ったカラーモードに変更できます。[グレースケール]にする場合はカラー情報を破棄し、元に戻せなくなるので注意が必要です。

### カラーパネル

[ウィンドウ]メニューから[カラー]を選択し、[カラー]パネルを開きます。スライダーを動かしたり、数値を入力することで描画色または背景色を設定します。下部にあるカラーランプをクリックするだけで色を変更することもできます。

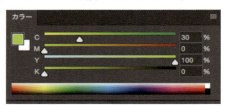

### カラーチャンネル

[ウィンドウ]メニューから[チャンネル]を選択し、[チャンネル]パネルを開きます。カラーモードごとにチャンネルの数が変わります。RGBモードの場合はレッド、グリーン、ブルーそれぞれに分かれ、CMYKモードの場合シアン、マゼンタ、イエロー、ブラックに分かれます。

## レイヤー操作

[ウィンドウ]メニューから[レイヤー]を選択し、[レイヤー]パネルを開きます。レイヤーを追加することでレイヤーごとに画像を修正することができます。レイヤーはフォルダ分けで管理したり、結合したりすることもできます。

## 調整レイヤー

調整レイヤーを使用することで写真などの色調を調整することができます。調整レイヤーを非表示にすることで調整した写真を簡単に元に戻すこともできます。レイヤーパレット下部にある ●(**塗りつぶしまたは調整レイヤーを新規作成**)から調整方法を選択します(p.220〜221参照)。調整レイヤーは自動的に作成され、いつでも再調整することができます。

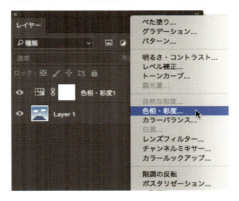

## クリッピングマスク

クリッピングマスクとは、下のレイヤーにある透明以外の部分で、上のレイヤーを切り抜くことができる機能です。見本では青く塗りつぶした[レイヤー1]を選択し、**レイヤーパレットのオプションメ**ニューから[**クリッピングマスクを作成**]を選択しました。青色の[レイヤー1]が下のレイヤーの文字で切り抜かれ、その他の部分は下にある緑色の[レイヤー3]が表示されます。

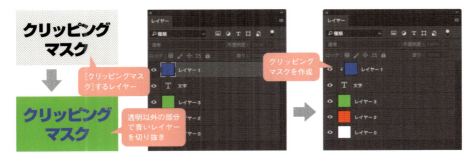

# 画像補正

［元画像］

Photoshopでは画像を補正する機能がさまざまありますが、ここでは右にある画像を元に基本的な調整レイヤーを4種類、解説します。状況に合った調整レイヤーを使い分けることで、イメージ通りの色調へ調整することができます。

## 明るさ・コントラスト

［明るさ］と［コントラスト］の2種類のスライダーを、左右に動かして調整します。［明るさ］スライダーは左に動かすと暗くなり、右に動かすと明るくなります。［コントラスト］スライダーは、左に動かすとぼやけた雰囲気になり、右に動かすと色の差がはっきりしてメリハリがつきます。

［明るさ］

［コントラスト］

## 色相・彩度

［色相］、［彩度］、［明度］の3種類のスライダーを左右に動かして調整します。［色相］スライダーを動かすとさまざまに色相が変化していき、最小値と最大値は同じ色相になります。［彩度］スライダーは、左に動かすと色味がなくなりモノクロに近づいていき、右に動かすと鮮やかになっていきます。［明度］スライダーは、左に動かすと色が濃くなり暗い印象に、右に動かすと薄くなっていき明るい印象になります。

［色相］

［彩度］

［明度］

## カラーバランス

[シアン・レッド]、[マゼンタ・グリーン]、[イエロー・ブルー]の3種類のスライダーで色調を調整します。例えば[シアン・レッド]スライダーではスライダーを左に動かすとレッド系の色が弱まりシアン系の色が強くなるため、寒色系の色合いになります。右に動かすとシアン系の色が弱まりレッド系の色が強くなるため、暖色系の色合いになります。

[シアン]

[レッド]

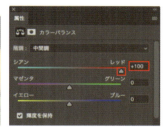

## トーンカーブ

初期設定では右上から左下へ斜めの線が表示されます。この線をクリックすると制御点が追加され、制御点を動かすことで画像の色を調整できます。制御点は複数追加でき、コントラストや明るさなどのバランスを自由に変化させることができます。入力値、出力値がCMYKモードでは0～100％、RGBモードでは0～255となり、同じ動かし方でも変化が異なるので注意が必要です。

CMYKモードでは制御点が右上に近づくほどシャドウが濃くなり、左下に近づくほどハイライトになります。

RGBモードでは制御点が右上に近づくほどハイライトになり、左下に近づくほどシャドウが濃くなります。

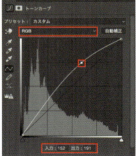

# キーワード索引

本書で解説している用語について50音順に並べています。

## 数字・アルファベット
- 3色配色 …………………………… 064
- 4色配色 …………………………… 066
- 4色ベタ …………………………… 210
- 6色配色 …………………………… 068
- Adobe Capture CC ……… 037,173,217
- CMYK ……………………………… 017
- DICカラーガイド ………………… 037
- HSB ………………………………… 035
- PANTONE ………………………… 037
- RGB ………………………………… 017

## ア
- アクセシビリティ ………………… 038
- アクセントカラー …………… 046,086
- アミ ………………………………… 210

## イ
- 色の3原色 ………………………… 017
- 色のイメージ ……………………… 029
- 色の重さ ……………… 106,128,149
- 色の三属性 ……………………… 010
- 色味 ……………………………… 010
- インキの総使用量 ……………… 211

## ウ
- ウォームシェード ………………… 044

## エ
- エーレンシュタイン効果 ………… 127
- 遠近効果 ………………………… 128
- 縁辺対比 ………………………… 118

## オ
- オーバープリント ………………… 211

## カ
- 可視光線 ………………………… 011
- 可視性 …………………………… 048
- 画像補正 ………………………… 220
- 可読性 …………………………… 025
- カマイユ配色 …………………… 054
- カラーイメージ ………………… 160
- カラーチャート …………… 036,176
- カラーパレット ………………… 173
- カラーピッカー ………………… 034
- 寒色 ………………… 023,104,169

## キ
- 強調色 …………………………… 046

## ク
- クールシェード ………………… 044
- グラデーション …………… 052,148

## ケ
- 継時対比 ………………………… 117

## コ
- 公共性 …………………………… 038
- 後退色 …………………………… 021
- 興奮色 ……………………… 023,168
- コーポレートカラー …………… 160
- 混色 ……………………………… 122
- コントラスト ……………………… 048
- コンプレックスハーモニー …… 058

## サ
- 彩度 ……………………………… 013
- 彩度対比 ………………………… 115
- 彩度の同化 ……………………… 121
- 錯視 ……………………………… 126

## シ
- 色陰現象 ………………………… 124
- 色覚異常 ………………………… 038
- 色相 ……………………………… 011
- 色相環 …………………………… 011
- 色相対比 ………………………… 116
- 色相の同化 ……………………… 121
- 識別性 …………………………… 026
- 重厚感 …………………………… 142
- 収縮色 ……………………… 021,027
- 純色 ……………………………… 013
- 進出色 …………………………… 021
- 心理効果 ………………………… 168

## ス
- スミベタ ………………………… 210

## セ
- 清色 ……………………………… 016
- セパレーション ……………… 050,162
- 選択色 …………………………… 072

## タ
- ターゲット ……………………… 164
- 対比現象 ………………………… 114
- 濁色 ……………………………… 016
- 暖色 ………………… 023,104,169

## チ
- 中間色 …………………………… 016
- 中性色 ……………………… 023,169
- 鎮静色 ……………………… 023,168

## テ
- テクスチャ ……………………… 134
- 伝統色 …………………………… 175

## ト
- 同一トーン ……………………… 042
- 同化現象 ………………………… 120
- 同系色 …………………………… 040
- 同時対比 ………………………… 117
- 透明感 …………………………… 140
- 透明視 …………………………… 127
- トーン …………………………… 014
- 特色 ……………………… 037,209

## ナ
- ナチュラルハーモニー ………… 056

## ネ
- ネオンカラー効果 ……………… 127

## ハ
- ハーマングリッド ……………… 126
- ハーマンドット ………………… 126
- 配色バランス …………………… 150
- 媒体色 ……………………… 072,074
- パステルカラー … 042,107,111,163
- パターン …………………… 090,215
- バランス ………………………… 128
- ハレーション …… 060,074,126,156

## ヒ
- 光の3原色 ……………………… 017
- ビタミンカラー ………………… 109
- ビビッドカラー ………………… 081

## フ
- フォカマイユ配色 ……………… 054
- プロセスカラー ………………… 210
- 分裂補色 ………………………… 062

## ヘ
- 並置混色 ………………………… 122
- ベースカラー …………………… 077
- ベビーカラー …………………… 167

## ホ
- 膨張色 ……………………… 021,027
- 補色 ……………………………… 060
- 補色対比 ………………………… 117

## マ
- マッハバンド効果 ……………… 118

## ム
- 無彩色 ……………………… 016,132

## メ
- 明視性 …………………………… 025
- 明度 ……………………………… 012
- 明度対比 ………………………… 114
- 明度の同化 ……………………… 120
- 面積効果 ………………………… 125

## ユ
- 有彩色 …………………………… 016
- 誘目性 ……………………… 020,024

## リ
- リープマン効果 ………………… 126
- 立体効果 ………………………… 128
- リッチブラック ………………… 210
- 流行色 …………………………… 174

## ワ
- 和色 ……………………………… 175

## おわりに

普段なんとなく目にしている色も、実はさまざまな力を持っています。その力を最大限に引き出すために必要なのは「センス」ではなく、基礎と知識に裏打ちされた色選びの「テクニック」。意図した内容を色に託して表現する方法を学ぶことで、何倍も伝わりやすく魅力的なデザインになります。身近なものだからこそ、色を大事にしたデザインは読み手の心にしっかりと届きます。
本書が、たくさんの彩りあふれるデザインをつくる手助けになればとても嬉しく思います。

【 著者プロフィール 】

ARENSKI

雑誌、書籍、カタログ、広告、Webなど、さまざまなジャンルのデザインに携わる。近著『魅せ技＆決め技Photoshop〜写真の加工から素材づくりまでアイデアいろいろ〜』

http://www.arenski.co.jp

【 Staff 】

デザイン：阪口結衣、高桑英克（ARENSKI）
編集・執筆：ARENSKI
執筆協力：二ツ森みのる
写真：Shutterstock、Pexels
担当：橘 浩之（技術評論社）

## 本書に関するお問い合わせについて

本書に関する電話でのご質問は受け付けておりませんので、書面かFAXにて、下記の問い合せ先まで、お願いいたします。ご質問は本書の内容に関するもののみとさせていただき、本書で解説している内容を超えるお問い合わせは一切お受けできせん。なお、お問い合わせの際に記載いただいた個人情報は、質問のご返信以外の目的に使用いたしません。返信後は速やかに削除いたします。

〒162-0846 東京都新宿区市谷左内町21-13
技術評論社「知りたい配色デザイン」質問係
Fax：03-3513-6167
HP：https://gihyo.jp/book/2018/978-4-297-10079-7

知りたいデザインシリーズ

知りたい 配色 デザイン
し　　　　　はい しょく

2018年 10月24日　初版　第1刷発行

［著　者］ARENSKI
　　　　　アレンスキー
［発行者］片岡　巌
［発行所］株式会社 技術評論社
東京都新宿区市谷左内町21-13
Tel：03-3513-6150（販売促進部）
Tel：03-3513-6160（書籍編集部）

［印刷／製本］図書印刷株式会社

定価はカバーに表示してあります。本書の一部または全部を著作権法の定める範囲を超え、無断で複写、複製、転載あるいはファイルに落とすことを禁じます。

©2018 ARENSKI

造本には細心の注意を払っておりますが、万一、乱丁（ページの乱れ）や落丁（ページの抜け）がございましたら、小社販売促進部までお送りください。送料小社負担にてお取り替えいたします。

ISBN978-4-297-10079-7 C3055
Printed in Japan